編 ／ JCAABE 日本建築まちづくり適正支援機構

著 ／

連 健夫

野澤 康

三井所 清典

饗庭 伸

松本 昭

北村 稔和

山田 俊之

今泉 清太

仁多見 透

松村 哲志

阿部 俊彦

高橋 寿太郎

田中 裕治

連 勇太朗

渡邉 研司

大倉 宏

向田 良文

市古 太郎

湯浅 剛

連 ヨウスケ

建築系のための まちづくり入門

ファシリテーション・不動産の知識とノウハウ

JN079521

学芸出版社

はじめに

　日本のまちは高度成長社会から低成長社会・成熟社会に移行するなかで、複合的な課題が表出し、様々な専門分野が協働して解決する時代になってきた。特にまちづくりは、そもそも複合的なものなので分野横断的な知識や経験が求められ、ファシリテーター（促進者・調停者）という人と人をつなぐ役割が様々な場面で必要になってきている。

　本書は文部科学省の 2019 年度「専修学校による地域産業中核的人材養成事業」（地域課題解決実践カリキュラム）で採択された「まちづくりファシリテーター養成講座事業」を基に制作された。本書はその講座用テキストであると共に、建築を学び、仕事にする、いわゆる建築系のためのまちづくりの入門書でもある。まちづくりの専門性を持つ建築士・建築家として、一般社団法人日本建築まちづくり適正支援機構（JCAABE）が認定する「認定まちづくり適正建築士」がある。それにつながるキャリアストーリーとして、「まちづくりファシリテーター養成講座」がリンクしており、この講座を修了すると「まちづくりファシリテーター養成講座修了者」となり、JCAABE に登録すれば「登録まちづくりファシリテーター」となる。そして 2 年間の実務と一級建築士の取得により「認定まちづくり建築士」に登録できる。こうした仕組みを背景に、建築系の専門性をベースに、まちづくりファシリテーターとして拡がりのある知識を得ることによって、他の専門家と創造的な関係でスムーズに協働できる人材、つまり建築を軸にして他の専門性とリンクすることができる「Ｔ字型人材」の拡がりを目指している。

　建築・まちづくりの講座は、座学のみならず、実践が大切であり、演習・見学・まち歩き・合意形成ワークショップも併用することが望まれる。本書はそれらを踏まえて実務者向けにアップデートした包括的なまちづくりの入門書である。建築・まちづくりに関する網羅的な分野の知識を扱い、実践的なコミュニケーション力をつけられるように、できるだけ具体的に記述した。本書の役目は、あくまできっかけを与えることであり、さらに知見を深めたいという方は、巻末に掲載した執筆者による推薦図書をぜひ参考にしていただきたい。

　また、本文中では「建築系」「建築系専門家」「建築士」「建築家」など内容によって適宜使い分けている。その理由は、建築士は資格であり、建築家は職能である。また行政のまちづくり推進課の方や都市計画家はまちづくりの専門家だからである。したがっ

て、まちづくりに関わる建築系ファシリテーターとしての「態度」を獲得してもらうこともこの入門書の狙いの１つである。

　建築やまちづくりにおける大きな課題に空き家空き地の活用がある。空き家や空き地が増え、地域に悪影響を与えるなど社会問題が表出し、その解決が求められているのである。また中心市街地における空き店舗問題は、どこの地方都市でも商店街活性化の大きな悩みの種となっている。住宅の新築需要が減ってくるなか、単に建て替える、リニューアルする、というハードの手立てを講じる以前に様々な課題を総合的に解決しない限り、具体的なアクションにはつながらないのである。そこには、経営や不動産、エリアマネジメントやインスペクションなど幅広い知識が求められ、設計行為も新築、改修、増築、減築などを組み合せた編集設計という応用技術が求められている。これは建築を単体として捉えることではなく、周囲との関係で捉えることであり、おのずと、まちづくり的視点が求められるのである。つまり、これからの建築系の技術は、まちづくり活動の一部を担う、結果として担う、一躍として担うことにより、地域に大きく貢献することができるのである。
　その分野横断的な役割に大切なのは、コミュニケーション力である。これは、建築やまちづくりの分野のみならず、あらゆる分野に必要なものであり、高等教育機関や組織において、それを身につけることによって、社会に拡く受け入れられ、活躍することができる。

　成熟社会に向かうなかで、自己責任や発注者責任の比重が増す中、建築士・建築家がどのような専門性を持つかが問われる時代になってきている。これは、お店の商品にどのようなものが含まれているのかを示す内容表示と同じで、必要とする者が必要なものを得るための情報開示なのである。発注者が、まちづくりの専門性のある建築士・建築家、を求めた時に、その選択のための手掛かりとしての能力表示を建築士・建築家が身に付けていることが期待されているのである。本書がその期待に応えるための一助になることを心から願っている。

一般社団法人日本建築まちづくり適正支援機構 代表理事／連 健夫

目次

＼ まちづくりファシリテーターの役割がわかる40ページ！（裏表紙からスタート）／

漫画「まちファシ物語」｜連ヨウスケ

序章　建築からまちへ

建築＋αの知識がまちを変える

連 健夫

1　建築系によるサポートでまちづくりがもっと良くなる

　まちづくりの主体は住民[*1]であり、専門家はそれをサポートする役割である。複雑な話をわかりやすく説明し、住民の言葉にならないつぶやきから意味を見出し、簡単な言葉で言い換え、ディスカッションの手助けをする。まちには、そこに住む住民、働きに来ている勤務者、商店主などの経営者、遊びに来る訪問者など様々な立場の人がいる。その立場の違いを互いに理解しあい手助けをするなかで、異なる立場の間に何らかのWin-Win の関係をつくる。その役割を担うのが、建築の専門性を持った上で不動産など幅広い知識とファシリテーションスキルを併せ持つまちづくりファシリテーターであり、住民の具体的で多様な要望にも応えることができる（図1）。

2　建築系だからできること

2-1　建築の視点でまちの課題と魅力の両方を示唆できる

　まちづくりの第一歩として、まち歩きをして、まちのタカラ（良い点）とまちのアラ

図1　様々な立場の人の意見を聞いてまとめる

[*1]　住民という言葉はそこに住む人を示すが、まちづくりにおいては様々な人が関わるので、正確に説明する場合は、市民という言葉が使われることもある。

（問題点）を見つけるワークショップを行うことがある。そこでは、参加者と一緒にまちを歩き、これはタカラでしょうかね、これはアラでしょうかね、などと問いかけながら、参加者が指摘しやすいように手助けをする。時には「これはどちらにするか難しいですね」と、参加者が考えるきっかけ（フック）をつくることもある。問題点は案外見つけやすいものだが、良い点は気が付きにくい。デザインと技術の両方を学ぶ建築系だからこそ住民が見落としがちなまちの魅力も示唆することができる（図2）。

2-2　住民が「知りたい」を臆せず尋ねられる

　まちづくりファシリテーターが住民と接する時、上から目線で教える態度ではなく、常にサポートするというフラットな態度に徹する。啓蒙ではなく対話するのだ。一方、住民からの質問には専門的に応える。この場合はむしろ、そのほうが住民にとって納得の知恵となるからだ。建築やまちを読み解くには複合的な知識が必要だ。だからこそ普段は対話をとおして徐々にリテラシーを底上げしつつ、求められた時には具体的に応えるということが重要なのだ。

　ワークショップに参加した人には、参加の意味を感じ、次回も参加してもらう必要があるが、「自分には関係ない」や「つまらない」などネガティブな印象を持つと次回から来なくなる。時には冗談を言って場の空気を柔らげるなどポジティブな雰囲気づくりもまちづくりファシリテーターの大切な役割である（図3）。

図2　まち歩きで、タカラとアラを見つける

図3　ワークショップでの雰囲気づくりは大切

2-3　見えないニーズを具体化できる

　合意形成のワークショップでは、住民のつぶやきなどから、その意図をくみとり意味を見出さなければならない状況がある。参加者の意見を付箋に書き、グルーピングしながら合意を図る「KJ法」という方法があるが、そのなかには、意見なのか、感想なのか、わからない曖昧な言葉もある。まちづくりファシリテーターはそれらを対話から読み解き、意図を反映させた簡潔な言葉に変換する。まとまりがなく散漫な議論は参加者にフラストレーションを残してしまうし、住民自身も自分の発した言葉が具体的に意味づけられることは嬉しい発見でもある。単に聞き上手、活かし上手なことも大事だが、専門的な知識をたどって様々な話のなかからストーリーを描き、具体的提案も含めて議論の方向性を見出していくことは、建築系だからこそ可能なサポートである（図4）。

2-4　行政や専門家の言葉をわかりすく解説する役割

　まちづくり協議会の支援[2]において、まちづくり条例[3]をわかりやすく説明し、まちづくりビジョンやまちづくりルールをつくるサポートの役割がある。

　近年、様々なところで事前復興まちづくり訓練が行われるようになってきた。これはまち歩きのなかで災害時の危険箇所や、どこが役に立つ復興資源かといった情報を行政と住民が共有し、災害時対応をシミュレーションするワークショップである。そこでは行政から災害時の方針や助成制度などの説明があり、まちづくりファシリテーターはこ

図4　住民の言葉をまとめて整理する

＊2　まちづくり協議会には、任意団体を含め様々なものがある。まちづくり条例における協議会は、それらとは区別して登録まちづくり協議会と記述する場合もある。
＊3　まちづくり条例は、地方自治体で制定したまちづくりに関する地方自治法である。どこの自治体にもあるということではなく、住民参加のまちづくりを推進している自治体で多く見られる。

れらを噛み砕いて住民の理解を深める役割を担う。適宜質問をして議論を掘り起こしたり、専門家の講義では、身近な事例を挙げて補足説明するなど住民の理解を促す。

このように、住民の言葉を手掛かりに情報やアイデアを提供したり、住民目線の言葉に変換するなどして行政と住民の互いの理解を図るのがまちづくりファシリテーターであり、この活躍によって、みんなで解決しようという推進力が生まれる（図5）。

3　まちづくりファシリテーターのやりがい

3-1　前向きな議論に誘導する

まちづくりファシリテーターの役割は、問題や課題を共有しながらみんなで解決案をつくり出すよう促すことであり、そこにはみんなで達成感を分かち合える喜びがある。苦労やトラブルを乗り越えた場合はなおさらだ。話し合いで感情的になってトラブルが生じることもあるが、何が課題になっているかを冷静かつ客観的に解説する。課題をみんなが共有することで次のステップに進むことができるのだ。そもそも人は異なるバックグラウンドを持っている。そのことを初めに理解してもらえると互いにフラストレーションが少ないし、共通点や合意が得られるとすべてがポジティブな雰囲気になる。大反対や大演説をしてトラブルを起こす人が、ワークショップを進めるなかで理解を深め、頼もしい推進者に変化することはよくある。いかに互いの理解を促しながら前向きな方向に進むよう誘導できるかが、まちづくりファシリテーターの腕の見せ所である（図6）。

図5　行政の言葉をわかりやすく説明する

図6　みんなでつくるプロセスを共有する

3-2 ライブ感覚でまとめていく面白さ

　ワークショップは生き物であるとよく言われる。予定を立てていてもその場で様々なことが生じて、思わぬ方向に行くことがある。しかし、それはその場の状況による変化であり、それをうまく建設的・創造的な方向に進めるのもまちづくりファシリテーターの大切な役目である。予定はあくまで予定であり、結論を用意していてはワークショップをする意味がない。むしろライブ感覚を大切にして、臨機応変に対応し、より意味のある方向性をつくり出す面白さがある。ポイントは参加者の言葉のなかから、建設的・創造的な意味をとりあげクローズアップしていくことにより、まとまりが自然にできてくるのである。様々な意見があるなかで、それをブレンドしながら、ある方向性を見出す面白さは、まちづくりファシリテーターならではのだいご味といえる（図7）。

4　建築＋αの知識が様々な仕事につながる

　ここまで、まちづくりファシリテーターの紹介をしてきたが、「なったとしても、将来の仕事はあるの？」という疑問を持つ方もいるかもしれない。しかし、そもそも従来のまちづくりの様々な場面において、行政、企業、専門家、住民、それぞれの専門性のなかにまちづくりファシリテーターの役割を担っている人がいる。

　実態調査[*4]において明らかになった行政や企業の人材に対するニーズは2つある。1つ目は、「目的のあるコミュニケーション能力」である。これは、建築やまちづくりの

図7　飲み会も大切である

＊4　2019年度文部科学省委託事業「まちづくりファシリテーター養成講座事業」においてJCAABE日本建築まちづくり適正支援機構が実施した実態調査（アンケート・ヒアリング等）。詳しくはJCAABEのホームページ参照。https://jcaabe.org/facilitator/

世界に進まずとも、どの企業でも求めている能力である。ここでのポイントは、単なるコミュニケーション力ではなく、目的という意図を持ったコミュニケーション能力であることだ。この話し合いはどこに向かっているのか、どのようにまとめるのか、どこに向かわせたいのか、といった状況を客観的に捉えながら、コミュニケーションをするという能力である。

　2つ目は、建築のスキルを持った上で他とつながることができるコミュニケーション能力、言わば「T字型コミュニケーション能力」である。ある企業へのインタビューで、大学の建築学科を出た新入社員で困るのは、すぐに自分の作品をつくりたがることだと言われた。まずはしっかりクライアントの要望の実現に力を注ぎ、そのプロセスのなかで個性を発揮すれば良いのに、そうではなく自分の世界でまとめたがるので困ると言うのだ。その指導には、かなりのエネルギーと時間を費やしているらしく、学生のうちにT字型コミュニケーション能力が備わった人材はとてもありがたいというのが多くの企業の反応であった。

　つまり、まちづくりファシリテーターの能力を備えた人材は、建築系の一般的な就職先である、設計事務所、土木デザイン事務所、建設会社、工務店、住宅メーカー、デベロッパー、不動産会社、材料メーカー、住宅機器メーカー、行政、信託系銀行、高等教育機関、鉄道会社、再開発コンサルタント会社、まちづくりコンサルタント会社、広告代理店などにとって必要な人材だということだ。

　もともと建築系はつぶしがきくので仕事先の幅は広いが、それに加え、今後建築系が増えるであろう職性・職域として、コミュニティーデザイナー、NPOまちづくりセンター、まちづくり会社、地域おこし協力隊、アートコーディネーター、プロダクトデザイナー、リソースコーディネーター、コーポラティブプロデューサー、リノベーションプロデューサー、家守*5、地域雑誌編集者、プレイワーカー、社会起業家支援、防災・復興まちづくり、暮らしの保健室や子育て支援などがある。これらは、まちづくり活動が持っている分野横断的多様性が職業化したもので、様々な業態で建築系の役割が求められているのである。建築＋αの知識を持つことは、まちづくりに直接寄与するだけではなく、

＊5　家守（やもり）。家の番をする人、差配人。江戸時代、地主や家主に代わり、その土地や家屋を管理していた。現代では、シェアハウスやシェアオフィス、民泊、貸家などの管理者であり、まちの活性化のキーマンとして多様な役割を担っている。

従来の枠にとらわれない新しい建築の職域を見つけることにもつながるのだ（図 8）。

図 8　まちづくりには様々な仕事がある

1章

都市の課題と共に変わる
建築系の役割

1-1
都市計画の変遷と参加型まちづくりの発展

野澤 康

1 まちづくりとは何か？

本稿では、まず初めに「まちづくり」とは何か、さらに「都市計画」とはどのような違いがあるかを明らかにしてから「参加型まちづくりの発展」へと話を進めていく。

本書の書名にも使われている「まちづくり」と「都市計画」との関係や言葉としての違いについて考えてみる。「都市計画」と「まちづくり」という2つの語、概念には、厳密な定義がなされているわけではなく、また、人によってその用法も少しずつ異なっている。

例えば、2010年まで20年にわたって金沢市長を務めた山出保は「まちづくりは、都市計画を含め、枠外からもまちのあり方を求める自治の領域」「都市計画は、都市計画法にもとづいて都市のあり方を求める法治の領域」と整理し「まちづくりは都市計画を包括する概念と言える」と述べている[1]。また、小林郁雄は「まちづくりは、地域における、市民による、自律的継続的な、環境改善運動」「都市計画は、国家における、政府による、統一的連続的な、環境形成制度」と整理し、まちづくりは「運動」、都市計画は「制度」というように整理、区別している[2]。このように、まちづくりのほうが都

---

*1 山出保『まちづくり都市 金沢』岩波書店、2018年、p.43
*2 伊藤雅春ほか『都市計画とまちづくりがわかる本』彰国社、2011年、p.6

市計画よりも包括的な概念であるという理解が、比較的一般的に用いられると考えて良い。

2　都市計画の変遷とまちづくりの起こり

2-1　近代都市計画の幕開け

　都市というものは、人間が家族に限らない集団で生活をし始めた大昔からあったものである。人々の営みが、移動しながらの狩猟生活から農耕生活に変わり、1つの場所に集まって定住することになって都市が形成され始めたと言える。しかし、私たちが現在「都市計画」と言って日常的に使っている枠組み（ルールやプロセス）は、それほど古くからあったものではない。現在私たちが使っている「都市計画」は、近代以降に生まれ発展してきた、いわゆる「近代都市計画」と呼ばれるもので、その起源は 18 世紀のイギリスにある。

　世界に先駆けて産業革命が起きたイギリスでは、第二次産業（工業）が急速に発展してくる。それに伴って、ロンドンのような大都市に続々と工場が建てられて、生産活動が活発に行われた。工場で働く労働者は、主に周辺の農村部からやってきた人々である。産業革命が起こったとはいえ、当時の生産技術は現在のものとは全く異なり、工場から

図 1　鉄道橋の下のロンドンの貧民街（出典：高見沢実『初学者のための都市工学入門』鹿島出版会、2000 年、p.20）

は煙や汚水が適切に処理されることなく排出された。

　また、労働者は劣悪な環境のもとで長時間の労働を強いられ、住まいも人間らしい快適な生活を実現するにはほど遠いものであった（図1）。それでも農村部から都市部への人口流入は後を絶たなかったため、労働者が劣悪な労働環境・居住環境で病気になったとしても、工場経営者は労働者不足に困ることがなかった。逆に、そのせいで工場や住宅の環境を改善する必要を感じていなかったと言える。

2-2　衛生状態の改善から計画的な都市づくりへ

　工場経営者の考え方を一変させ、新たな仕組みをつくるきっかけになったのは、ネズミや水道水を媒介とした伝染病の流行である。伝染病は、工場経営者も労働者も選ばずに感染する。誰にとっても脅威となったのである。そこで、都市の衛生状態を改善し、伝染病などを未然に防ごうという動きが生まれ、1848年にイギリスで公衆衛生法（Pub-

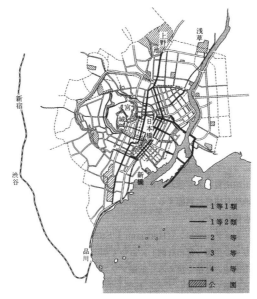

図2　東京市区改正審査会案　計画図（1885年）
(出典：都市計画教科書研究会『都市計画教科書　第三版』彰国社、2001年、p.31)

lic Health Act）が制定された。これが近代都市計画の法律の起源であると言われることもある。つまり、私たちが現在使っている都市計画は、都市の衛生状態を改善することを目的としてスタートしたと言えるのである。

　また、重要なことは、都市の衛生状態を改善するためには、様々なルールが必要だということである。人々が自分の土地の権利を主張し、好き勝手に使っていては、風通しや水はけを良くして居住環境を良好にしたり、上下水道管の埋設や道路・公園の整備など、インフラストラクチャーを整備したりすることもできない。都市に住まうすべての人が衛生的で快適な生活をし、働くことができるように、個人の土地であっても密度や高さを制限したり、公共空間を設けるために収用できるようにすることが必要だと考えたのである。すなわち、「公共の福祉」（＝みんなの幸せ）のために「私権の制限」（少しずつの我慢）をするのが、近代都市計画の基本的な考え方なのである。

2-3　わが国における近代都市計画の進展

　近代都市計画の考え方は明治維新後に日本にも導入され、外国と肩を並べるべく、都市計画技術を使った帝都の建設が進められた。明治 10 年代から東京改造計画[3]が盛んに議論され、1888 年に東京市区改正条例が公布された（図 2）。これらによって、道路、鉄道、上水道などの都市の骨格が整備されていったものの、その名の通り東京だけ、しかも皇居周辺の現在の都心部のみに適用されるものであった[4]。

　1918 年になると、東京以外の横浜、名古屋、京都、大阪、神戸の 5 都市にも準用されていく。そして、1919 年には、初めての都市計画法と、現在の建築基準法の前身である市街地建築物法が制定され、都市計画的にも近代国家の仲間入りを果たした。

　1919 年の都市計画法を読んでみると、そこには住民、市民[5]、参加といった言葉は出てこない。もっぱら、国や公共団体が都市を建設していくための法律であり、土地に制限を加えたり、時には都市計画事業のために土地を収用したりするために使われたのである。その後、1968 年に都市計画法が新しくなり、住民の責務及び住民が健康で文化的な都市生活を享受できるような都市計画を定める義務も明示された。とは言え、参加ま

---

[3]　当時のこうした計画は「都市計画」ではなく「市区改正」と呼ばれていた。
[4]　市区改正などの明治期の東京の都市計画については、下記の文献に詳しい。
　　　藤森照信『明治の東京計画』岩波書店、1990 年
[5]　本稿では、「住民」は実際にその場所に居住している人、「市民」は居住者に加えて、通勤・通学・買い物などでそのまちを使う人なども含めた、「住民」よりも広い意味で用いる。

では触れられておらず、都市計画の手続きとして、都市計画の案の公告・縦覧、意見書の提出、公聴会の開催などに留まっていた。

　すなわち、この頃までは「都市計画」のみが行われており、「まちづくり」という発想は生まれていなかったと言える。都市は国や公共団体が責任を持ってつくるべきものであり、多少の意見を言う機会はつくられていたが、自らが参加する場は用意されていなかった。

3　わが国における参加型まちづくりの系譜

3-1　参加型まちづくりの始まりは反対運動

　我が国における参加型まちづくりの歴史はそれほど長くはない。世界的に見てもそうである。我が国では、第二次世界大戦後しばらくは、住むところにも困る状況が続いたので、焼け野原にまちを復興し、なんとか需要に見合う住宅を供給することに追われた。

　各都市が復興を遂げて、高度成長の時代を迎えると、暮らしに少しずつゆとりが出てきて、人々は生活の質にもこだわるようになる。そこで、行政任せ、開発業者（デベロッパー）任せにするのではなく、自らが住むまちのことは自ら考えようという気運が高まり、行政や開発業者に意見したり、住民が組織をつくって対抗案をつくったりする参加型まちづくりが徐々に始まってくる。1970年代後半ぐらいのことである。

　この時代の参加型まちづくりは、現在のようにみんなが集まってまちの将来像を議論し、関係者と協議しながら進めるといったものではなく、むしろ公害を発生させる工場や乱開発する開発業者に対する反対運動が大半であった。現在でも、高層マンションへの反対運動は全国各地で行われており、それをきっかけに地域のまちづくり活動に発展する場合もある。何らかの事象にみんなで反対するのは、対立の構図が明確であり、力を結集しやすい。そのため、多くの人々が参加し、同じ目的・方向に向かって進んでいくことができたのであろう。

　初期の参加型まちづくりの有名な事例に、神戸市長田区の真野地区、東京都墨田区の京島2、3丁目地区のまちづくりがある[6]。この2つの事例も反対運動が起源であると言

---

*6　神戸市長田区真野地区は新長田駅の東部にある真野小学校区。地場産業のケミカル工場と住宅が混在する地区で、工場からの排煙や騒音に対する住民運動がまちづくり活動の起源と言われている。
　一方、墨田区京島2、3丁目地区は、関東大震災や東京大空襲などの難を逃れ、災害時の危険性の高い密集市街地となっていた。スクラップ・アンド・ビルドで地区を根本的につくり変える計画案がつくられたが、地域が大きく変化してしまうことを危惧した住民たちにより活動が始まったと言われている。

えるが、それがうまくまちの将来を議論し、計画をつくる活動に発展した。そして、住民参加でつくられたまちづくりの方針・計画（真野まちづくり構想（図3）、京島2、3丁目地区まちづくりの大枠（図4））が引き継がれて、現在でもそれをベースに活動が展開されている。

3-2　参加型まちづくりの広がり

　真野地区、京島地区などの先進事例を見習って、各地で参加型まちづくりが進められるようになった。大きく広がったきっかけは2つあると考えられる。

　1つは、1980年に都市計画法のなかに地区計画制度が位置づけられたことである。それまでの都市計画法は、主に都市全体の構造や土地利用を決める役割を有していた。しかし、身近なまちの様々な問題が顕在化してくると、それまでの都市全体を対象とする

図3　真野まちづくり構想（出典：大阪市立大学経済研究所『大都市の衰退と再生』東京大学出版会、1981年、p.191）

図4　京島2、3丁目地区まちづくりの大枠（出典：密集住宅市街地整備推進研究会『密集住宅市街地のまちづくりガイドブック』全国市街地再開発協会、1998年、p.33）

法制度だけでは不十分になってきた。そうした背景から前述の先進事例も生まれてきたわけであるが、これを全国的なものにしようと制定されたのが地区計画制度である。言わば、自分たちのまちのルールを自分たちでカスタマイズできる制度である。地区計画を策定するには、当然、そのまちに住む人々の意向を十分に反映させていく必要があり、策定プロセスのなかに住民参加を盛り込むまちが増えていったのである。

　もう1つのきっかけは、1992年の都市計画法改正のなかで、市町村の都市計画に関する基本的な方針（いわゆる都市計画マスタープラン、以下、都市MP）の策定が義務づけられたことである。都市計画法第18条の2第2項には「市町村は、基本方針を定めようとする時は、あらかじめ、公聴会の開催等住民の意見を反映させるために必要な措置を講ずるものとする」と書かれている（「基本方針」とは都市MPのこと）。また、当時の建設省（現在の国土交通省）の局長通達等では、さらに踏み込んだ住民参加の必要性をうたっている。都市MPには法に定める定型はないが、多くの市町村の都市MPは、大きく全体構想と地域別構想とで構成されている。そのうちの地域別構想を策定する際に、特に各地域の住民の参加を得て、十分に意見を集約、合意形成することに努めることを求めたのである。

3-3　参加手法としてのワークショップ

　1992年の都市計画法改正により市町村に義務づけられた都市MPの最初の策定時に全国に普及したのが、現在では当たり前のように行われている「まちづくりワークショップ」である。都市MPを議論するために集まった市民が議論する方法として、ヘンリー・サノフが発案した方法[7]などを参考に構築されていったものである。

　ワークショップが普及し始めたころは、「ワークショップさえ実施すれば必ず何らかの成果が得られる」と考えられがちであった。しかし、ワークショップは、目的の明確化や目的達成に向けた準備、当日の運営、成果のとりまとめをきちんとしなければ、何も得るものがない、言わば「参加のアリバイづくり」に過ぎないものになってしまう。多くの市民が参加して意見をもらったという事実だけが後々使われるだけで、議論の中身

---

[7] 我が国でのワークショップ初動期に頻繁に参照され、参考とされたのが、ヘンリー・サノフによる以下の文献である。
ヘンリー・サノフ著、小野啓子訳『まちづくりゲーム　環境デザイン・ワークショップ』晶文社、1993年

が計画づくりやまちづくりにほとんど反映されない事例が少なからず見られる。

　ワークショップを「参加のアリバイづくり」に終わらせないために、さらにその結果を最大限に活用して、その後のまちづくりにつなげていくためには、ワークショップを実施する段階でどのようなことを考えておくべきであろうか。重要なポイントの１つは、誰（どのような人）がワークショップのファシリテーターとなるか、という点である。ファシリテーターの役割は、市民の議論を進めるだけの進行役・司会者と捉えられがちであるが、それだけには留まらない。むしろ、実施までの準備や実施後のとりまとめと次のステップへつなぐための資料作成など、表に見えてこない裏方作業が多く、そこをしっかりと準備することが求められる。また、複数のグループで同時に議論を進めるワークショップの場合には、グループ毎のファシリテーターが十分に打ち合わせをして、共通認識を持っておくことも必要とされ、また複数のファシリテーターをとりまとめたり、調整したりするコーディネーターを配置して臨む場合もある。

　さらに、ワークショップをその場限りで終わらせないために、ファシリテーターを務めた人が中心となって、参加した市民とともに、ワークショップの成果がどのように計画づくりやまちづくりに活かされていくのか、継続的にウォッチしていくことも必要かもしれない。

　一般的に、ファシリテーターやコーディネーターの専門性は特に問われない。しかし、まちづくりワークショップの現場では、建築やまちの知識や空間を三次元で捉えることができる能力が求められる場面は多く、そうした素養を持つ人材、つまり建築系の人材がこれからの時代のまちづくりに重要な役割を果たすのである。

4　成熟社会のまちに向き合う姿勢

4-1　つくる時代から育てる時代へ

　近年では、「まちづくり」から一歩進んで「まち育て」という言葉も使われ始めている。北原は、私たちが生活するまちは、本来つくって終わりというものではなく、成熟社会にあってこそ、つくってから、いかに育てていくかが大事であり、それがまちの持続性

につながるとしている。そして、「まち育て」は「つくる時代から育てる時代に、フローの時代からストックの時代に、Development から Management の時代に移ってきているということを表現するためにつくった言葉である」とも述べている*8。仮に「まちづくり」や「都市計画」という言葉を用いたとしても、これからの時代にあっては、こうした北原の言う「まち育て」の概念まで含めて捉えるべきである。筆者が時々経験することであるが、都市計画に関する行政資料などのなかで「まちづくりの終了」という表現を見かける。都市計画事業が完了することをこのように表現している場合が多いが、「まちづくり」には終わりはないし、あってはならない。

　さらに、北原は「まちを育てるための参加」を、料理をつくる人と食べる人になぞらえて表現している。図5を見ると、「まちづくり」での参加は、出された料理を褒めたり、逆にそれに文句をつけたりするしかできていない。しかし、これからの「まち育て」における参加は、場合によっては食べる人が食材を生産して提供する人になることができたり、調理の途中で味見をして、完成前に味に注文をつけたりすることもできるなど、料理がつくられていく様々な局面で参加している。これからのまちづくりでは、このような参加の多様性が求められるのである。

4-2　参加から協働へ

　先に住民参加のまちづくりの多くが反対運動から始まったと述べた。しかし、これか

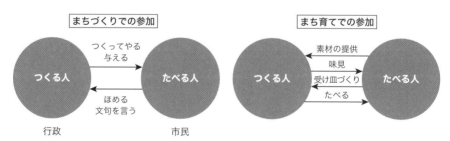

図5　「まち育て」のまちを「つくる」人と「たべる」人との関係
(出典：北原啓司『「空間」を「場所」に変えるまち育て　まちの創造的編集とは』萌文社、2018年、pp.29-30 より作成。上部「まちづくりでの参加」「まち育てでの参加」を追加した)

*8　北原啓司『「空間」を「場所」に変えるまち育て　まちの創造的編集とは』萌文社、2018年、p.157

らの成熟社会においては、何か（あるいは誰か）に反対したり、行政へ要望・要求したりするだけではなく、自分たちが自分たちのまちで何ができるのか、どのような役割を果たせるのか、などを考えて、建設的な議論をする必要がある。市民も単に意見を言うだけではなく、自らまちのために活動する姿勢を持つべき時代になっているのである。その意味では、もはや「参加」ではなく、行政、民間、専門家、市民が適切な役割分担をし「協働」していくことが求められているのである。

1-2

まちづくり現場における建築士の多様な役割

三井所清典

建築まちづくりにおける建築士の役割や立場を 4 つの事例をとおして紹介する。

1　伝統と文化から地域のデザインコードを読み解く──有田町の HOPE 計画

佐賀県有田町は磁器生産で約 400 年の歴史を持つまちである。HOPE 計画*1 で策定された有田らしい美しい住まいとまち並みは、地元の設計事務所や工務店、町役場の若者らによる有田 HOPE 研究会が中心となり 15 年ほどかけて整備されてきた。

図 1　有田の伝統的まち並み
(撮影：籾井玲（アルセッド建築研究所）)

図 2　有田の洋風建物

---

*１　HOPE 計画とは、地域適合型住宅（HOusing with Proper Environment）の頭文字を並べて命名された。地域らしい住宅のつくり方を定めた計画である。自治体が委員会を設置して策定する。委員には学識者、専門家や家づくり関係者、行政から選定される。成果は県や建設（現国土交通）省に報告書として提出する。

有田らしい建物を考える上で、まず、明治末頃の建物について議論した。一見して洋風なのだが、軒高や和瓦や和風の門といった意匠から既存のまち並みに調和する要素も読みとれ、一概に景観を壊しているとは言えない（図1、2）。窓割り、ガラスと桟の構成も美しく、腕のある方の設計だろう。こうした意見を交わして、住宅の平面や立面、まち並み、屋根、玄関、色彩といった部分に有田らしい要素を発見し、今後の整備方針を「有田HOPE計画報告書」にまとめ、設計者、施工者、町民がこれを持つようにした。

　思い出深いエピソードがある。ある派手な色づかいの建物が話題になり、その建物の設計者がしばらく会議を欠席したことがあった。久しぶりに出席した彼は「改装して色を変えてきた」と言って、みんなに拍手で迎えられたのである。みんなが同じ方向を向いていることで、新築や改修も含めてばらけた点が線となり、面となり、まち並みが整備されていったのである。

　ほかにも、郵政の設計者と研究会で4回の意見交換をした郵便局は、通り側に下屋庇がある切妻の2階建てに整備された。郵政による最初の改築案は間口が広く、棟が高く、周囲に対し大きく感じられたため、間口を狭めて周囲と高さを揃え下屋庇を設けた。ポストを茶色に塗り、隣家との境をトンバイ塀*2にすることで、より有田らしい郵便局になった（図3、4）。中心地から少し離れた丘の上にある「有田焼卸団地」は焼物問屋が集まり、向かい合わせになって約200mの軒を連ねている。当初は視線が完全に抜けてお

図3　改築前の郵便局
（撮影：清水耕一郎（アルセッド建築研究所））

図4　改築され、切妻に下屋庇が設けられた郵便局

＊2　江戸時代からの登窯の廃材をレンガのように使った築地塀。

り、一番奥までが非常に遠い道のりに見える上、段差が大きいため向かい側の店に行きたいと思えない構成だった（図5）。そこで、正面奥にアイストップとなるレストランとトイレを設け、全体的にお店を行き来しやすくするため、路面を50 cmほど上げて歩道と車道のレベル差を縮め、植栽も見通しの良い樹種に変更した。また、道路や庇下の舗装を変え、アメニティーを高めた（図6）。今や多くの人が奥の店まで利用している。

2　山古志村の住宅再建

　新潟県長岡市の旧山古志村は2004年10月の中越地震による被害で、村民全員が村からの避難を余儀なくされた。翌年5月に筆者も調査団に加わり、被害状況の調査と復興に向けた具体的な取組みが始まった。

　筆者は村の大工たちとワークショップを繰り返し、復興住宅を検討した（図7）。以前に富山県の豪雪地・五箇山で雪下ろし不要の屋根を開発した経験があり、山古志の雪は五箇山に似てウェットなため、この経験が活きた。山古志の風景調査や雪対策の検討をとおして互いに理解を深めていき、復興住宅の方針を固めていった。ポイントは2つ、1つ目は新築と改修を村の既存の技術でつくることだ。山古志村の建物は村の大工たちが手がけているため、将来も大工たちによる維持管理が継続できるようにするためだ。2つ目は、まずは小さな家からつくるということだ。全村民の生活に復興住宅がフィットするかという問題もあるが、一気に完成された復興住宅をつくってしまうと、この先5

図5　以前の有田焼卸団地

図6　修景整備を実施後の有田焼卸団地

年、10 年は大工の仕事がなくなり、工務店がつぶれかねないからだ。村の再興にはまず生業の復興が第一で、住まいは徐々に大きくしていけば良い。大工の仕事が続けば技術が引き継がれ、建物の継続的な維持管理も見込める。ただし、相互理解による信頼関係がないと復興住宅はうまくいかない。こうした提案について筆者から村長に説明し、実現に向けて動き出すこととなった（図 8）。

　しかし、すべてが順調なわけではなかった。いよいよ着手という時に、山古志村の大工から、改修工事で手いっぱいなので新築工事を長岡市の工務店に手伝ってもらいたいと申し出があったのだ。大変驚いたが、すぐに長岡市の担当部長や復興対策官たちに同行してもらい、長岡市の工務店組合に相談に行って支援の約束をとりつけた。地元をよく知る人との協働は非常に大切である。また、外部からの応援も不可欠だ。東京でサッシやユニットバスなどの各メーカーに「在庫品でいいから提供してくれないか」と声をかけてまわったところ、快諾してくれて部品の調達も支障なくなった。

　山古志村の復興住宅のシステムは、山古志の再建者をトップに、山古志村の家づくりを支援する施工者の会、筆者を含む設計者グループ[3]が、それぞれ長岡市の支援を受けながら協力体制を築いている（図 9）。そうしてできた 2 タイプの復興モデル住宅が図 10である。平面は四間角で、1 つは高基礎の 2 階建、もう 1 つは RC 造の車庫の上に木造2 階がのった 3 階建の切妻屋根の住宅である[4]。五箇山で、1 間程度の庇に積もった雪なら落ちても危険はないと聞いていたため、妻側に 1 間の下屋庇をつけて玄関とした。す

図 7　山古志の大工たちと話し合い

図 8　復興住宅による修景イメージ

---

[3]　筆者は東京在住で現場に居続けることが難しいため、長岡市に地元の大工、工務店の仕事に敬意を持っている設計者のグループをつくってもらった。現地の設計グループには設計の仕方やコスト算出のルールを理解してもらい、迅速に進むようにした。
[4]　雪国では基礎を高くして 2 階建にし、1 階を車庫や物入にした建物がある。

べてが同じ形ではないが、四間角の平面と切妻の外観が全体的な景観をつくっている。住民からは「昔風だけど便利にできていますね」と良い評価をいただいた。その後、公営住宅を筆者の事務所が設計することになり、復興住宅を発展させた切妻屋根の2戸1住戸と4戸の長屋とした。長屋は南側の大きな開口部から入ったり声かけができ、介護しやすいようになっている。屋根中央の高い棟は五箇山で開発した「雪割棟」で、これによって50cmほど積もったところで自然と雪が落ち、雪下ろしをする必要がない。

　木造建築を1軒つくるのには、大工、左官をはじめとする様々な職人の連携がかかせない。良い住まいをつくり、それを維持管理するには、まず各職人が連携可能なつくり方で、そのなかで社会との良い相互作用が生まれるような資材・人手を調達するべきだ。筆者は「生業の生態の保全」こそが、こうした建築生産を維持継続するためのカギであると考えている。

3　長岡市の良寛の里のまち並みづくり

　長岡市と和島村の合併を期に始まったまち並み環境保全事業としての島崎の修景「良寛さんの里のまちづくり、街並みづくり」に、設計者ではなく、まちづくりコンサルタント的にかかわった。島崎は良寛さん[5]が最後の5年間を過ごした集落として有名だ。

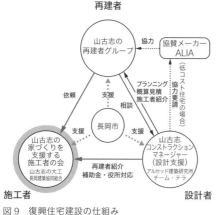

図9　復興住宅建設の仕組み

図10　復興モデル住宅

＊5　江戸時代後期の曹洞宗の僧侶。子どもと手毬つきで遊ぶ逸話などが残る。「良寛さんの書」が素晴らしく、残された書を見にくる人たちもいる。

約 100 世帯の集落の合意形成が重要であった。ワークショップでは、様々なまちの風景を写真に撮ったり絵にして、住民たちに「良いと思いますか」「知っていますか」などごく簡単な質問を投げかけた。例えば、図 11 の左が修景前の「はちすば通り」[*6]で、右が修景後のイメージだ。外壁を変えるだけで印象が大きく変わるので、どちらが良いかを確認しながら合意形成を行った。全員がマルとバツの旗を持っているため、必ず反応できる。こうすることで自分ごととして考えられるようになり、提案の評価もできるようになる。地元の製材所や工務店の職人にも同様の機会を設け、修景に向けて全員の気持ちを揃えた。主要なメンバーとは、HOPE 計画の優等生と呼ばれる福島県三春町や富山県の岩瀬といったまち並みが美しい先行事例の視察にも行った。

　100 世帯全員が合意を形成するには時間がかかる。何もしない時間が長いと気持ちが

図 11　既存街道（左）と修景イメージの絵（右）

図 12　お寺・山道での灯イベント　　　　図 13　ハスのプランターによる修景

*6　はちすば通りは島崎の中心となる小路で、全国から良寛さんのお墓や庵跡、書などを見に訪れる観光客の主要なルートとなっている。住民参加の島崎のまち並み環境保全事業において重点的に修景が行われた。

途切れるため、良寛さんゆかりの寺でイベントを催し、住民の手づくり竹灯籠を寺の参道に並べてお祭りの気分を上げた（図12）。また、「はちすば（ハスの葉）」の名前にちなみ、通りに対してハスの植木鉢を並べる提案をしたところ、すぐに図13のように実現した。また、ここでも積極的に木材を使った。品質にばらつきがなく、工事も簡単な既製品は確かに使いやすいが、一度傷んでしまうと交換に時間がかかる上、部分補修すると目立って見苦しい。板は地元の職人が扱いやすく、部分補修もなじみやすい。建物意匠だけではなく、こうした小さな工夫が積み重なってまちの風景ができる。

4　南会津町旧舘岩村

　南会津町旧舘岩村にはHOPE計画策定と、それを基にした住宅の設計でかかわった。図14の美しい雪景色は旧舘岩村の前沢という集落だ。明治40年の大火で集落が全焼し、その後再建された住宅が残っている。白壁の腰の高さくらいまである黒い板壁は、冬の雪積を考慮した仕上げである。

　この地域は1月末から2月初旬にかけて気温が−15℃まで下がり、5月になると梅、桃、桜などの花が一気に咲く（図15）。その美しい景色を活かした「花のお宿の里づくり」を考案し、筆者の研究室の学生たちと地元の子どもたちが一緒に苗木を植えるワークショップを行った（図16）。当初は許可を取っていたが、翌年からは村が予算をとって苗木を用意してくれ、パワフルな学生たちと話をするうちに村の人たちも乗り気になった。

図14　切妻屋根がつくる雪の風景

図15　5月に一斉に花が咲く

その後、舘岩村の評判を聞いて近隣の村からも声がかかり、伊奈村や只見町でも実施した。

　また、たのせという集落では、苗木植えのほかに里山の整備も行った。散歩ができるように山道を整備し、近景・中景・遠景でそれぞれ景色が楽しめるように修景も行った。川の手前の木の下枝が茂っているのは邪魔になるので下枝を切り、上は枝を残して山裾までの景色が透けて見えるようにしたのだ。村の人も「花のお宿の里づくり」の風景を理解してくれており、里山や下枝はその後もみんなで整備されている（図17）。

　ほかにも、建物の木部が荒れたままだとみすぼらしく見えるため、塗装ワークショップを行った（図18）。この時、隣村に1軒だけある塗装屋がこの村の塗装も担っている事を知り、仕事の邪魔になるかもしれないと事前に相談したのだが、こちらの心配とは逆に「どんどんやってください。きれいになることがわかればまた仕事も増える」と快諾してくれたので実施することができた。実はここで、ご好意に甘えて学生を1人しばらく預けて塗装の仕事を指導してもらった。ワークショップでは、その学生が先生になって参加者全員で塗った。手を入れることでみるみる景観が変わっていった。

　さらに、前沢では空き家のお掃除ワークショップも行った（図19）。村長から解体指示が出たある空き家をもったいないと思った職員から相談を受け、嘆願書を出したところ残せることになり、それならばと家の中を大掃除したのだ。最後、硬く絞った雑巾で拭くと畳が光ってくる。半日できれいになり、囲炉裏で炭を焚いてお湯を沸かしていたら、村の方がなめこ汁を鍋いっぱいに入れて持ってきてくれた。建物の使い道は考えながら、

図16　学生と子どもたちの苗木植えワークショップ

図17　たのせ集落の里山整備ワークショップ

特に決まっていない状態でスタートしたのだが、結果として、この時のように、前沢の茅葺の集落を見に来た人になめこ汁や団子などをふるまう休憩所として生まれ変わった。前沢は、今は伝統的建造物群保存地区に指定されている＊7。

5　建築設計をとおしてできるまちづくりのあり方

　以上、4つの集落におけるまちづくりと、そこでの建築士の役割を紹介してきた。地域も手法も異なる4事例に共通するのは、建築づくりとは個別の敷地とその周辺だけではなく、地域一帯の生活環境がどうありたいかを考えることであり、そのあるべき環境に寄与する建物を宅地のなかで計画することだ。これは都市部に置き換えることもできる。それぞれが連担してある理想のまち並みや環境を形成するためには、設計者や施工者だけではなく、発注者である住民や行政職員とも協働しなくては、当然実現は難しい。そうした合意形成の場において間に立って進めることができるのは、住み手でありつくり手でもある建築士であり、そうした活動には積極的に参加するよう努めなければならない。主体的に機会をつくることも建築士としての役割だと考えている。

　風土に対する最適解を導き出すための知恵は基本的にその地域にある。それを発見できれば、現代的な機能性を備え、周辺とも調和する建築になる。合意形成のプロセスは急いではいけない。ゆっくり少しずつ、求める側とつくる側が同じ気持ちになることが大切である。

図 18　塗装ワークショップ

図 19　学生参加のお掃除ワークショップ

＊7　2011年7月に重要伝統的建造物群保存地区に選定された。「中門造り」と呼ばれる茅葺きの曲り家民家を中心とする約20棟の建物群で、そのほとんどが1908年に再建された建築物。

1-3

建築設計における
参加のデザイン

連 健夫

1 参加のデザインとは何か

　家を建てるには様々な方法があるが、一般的なものとして施主が自分が求める家の間取りを描き大工さんに建ててもらう方法がある。この場合、間取りを考えているので、施主が設計に参加していると言える。しかし近代化のなかで、建売や住宅メーカーなど、家を「建てる」のではなく、「買う」選択肢がでてきた。この場合、施主は設計や施工のプロセスに参加してはいない。図書館や学校などの公共建築の場合も同じで、自治体が専門家である設計士や建設会社に依頼し、利用者はできあがった建物を利用する。専門家は使われ方を想定して設計するものの、そこには限界があり、使いづらいものも建てられた。この問題を解決すべく、最近では利用者が設計プロセスにも参加し、アイデアを設計に反映させる方法がとられるようになってきた。それが参加のデザインである。

　建築設計における参加のデザインには2つの意味がある。1つは、利用者が設計のプロセスに関わる「参加型デザイン」、もう1つは、利用者が設計のプロセスに関われるような仕組みをつくる「機会のデザイン」である。

　これらは住民参加のまちづくりと呼応し合い、建築士・建築家がまちづくりに参加す

る一番身近な方法と言える。

2　参加のデザインの日本における展開

　建築設計における参加のデザインはコーポラティブハウスから注目され始めた。一般に集合住宅はデベロッパーが建設分譲したものを利用者が購入するが、家を建てたい人が複数集まり、共同で設計に関わり集合住宅をつくるのがコーポラティブハウスである。

　日本では、まず民間で「コーポラティブ千駄ヶ谷」（1968 年）や、都住創の「OHPNo1」[*1]（1974 年）などがつくられ、その後、住宅公団などの第三セクターで 9,000 棟以上が建設された。建築家作品としては、海外ではルシアン・クロール[*2]設計の「ブラッセル医学部学生集合住宅」（1969 年）やラルフ・アースキン[*3]の「バイカー再開発」（1980 年）などが成功事例として注目された。日本では、基本設計段階で児童参加のワークショップを行った、芦原太郎、北山恒による「白石第二小学校」（1996 年）や、コンペで選ばれた長谷川逸子の設計案に対し地域住民の意見を募り調整するワークショップが行われた「湘南台文化センター」（1987 年）などが注目され、その後、多くの公共建築において参加のデザインが行われるようになってきた（図 1、2）。

　こうした日本の建築家がファシリテーターの役割を担い設計を進める手法は、林康義や延藤安弘の計画学的な調査研究において理論化され、そのなかでまちづくりと建築における利用者参加、ファシリテーターや専門家の役割などが評価されたことで、その後

図 1　白石第二小学校 （提供：芦原太郎建築事務所）

図 2　湘南台文化センター

＊ 1　建築家・安原秀と中筋修が 1975 年から「都住創プロジェクト」として手掛けた一連のコーポラティブハウスの 1 つ。民間コーポラティブハウスの草分け的存在。
＊ 2　Lucian Kroll（1972 年〜）はベルギーの建築家。自然と共生し、住民と協働してつくる建築が良い環境を生み出すとの思想をもとに、上から押し付けるのではない、利用者参加による建築設計に取り組んだ先駆的建築家。

の水平展開につながった。

3　参加のデザインの実践

3-1　メリット・デメリット

　利用者が設計プロセスに関わるメリットは大きく5点ある。

　①利用者のアイデアを設計内容に活かすことができる。

　②利用者と設計者の協働のなかで相互理解が深まる。

　③できあがった建物に利用者が愛着感を持ち、大切に使う気持ちが生じる。

　④利用者が能動的になり、建設後、自主的なメンテナンスや改装等につながる。

　⑤建設後のクレームが少なくなる。

　デメリットは時間がかかることだが、建設後に生じるクレームを少なくすることができるため、トータルで考えると時間が増えたとは一概には言えない。利用者と設計者が十分にコミュニケーションを取り、互いの理解の上でできあがった建物なので、イメージと異なるものにはならないからである。しかし、利用者と設計者のアイデアを通常より濃くブレンドするプロセスとなるため、自分の作品をつくりたい意識の強い設計者にとっては、ブレンドする時の葛藤がデメリットになるかもしれない。

3-2　参加のデザインの手法

　参加のデザインを取り入れられるタイミングは、大きく分けて①計画・設計段階、②施工段階、③完工時である。これらについて、建物の規模、用途、利用者の人数や属性を踏まえて、どのような形で参加の機会をつくるかを検討する必要がある。

①計画・設計段階の参加

（1）設計条件やコンセプト設定のための参加

　初期段階での参加は、利用者と設計者との信頼関係をつくるためにも大切である。設計のテーマやコンセプトを利用者と共に考え設定することで、後の設計段階において何を基準に話し合えば良いかを互いに理解することができる。コンセプトやテーマは箇条

＊3　Ralph Erskine（1914〜2005年）はイギリスの建築家、都市計画家。スウェーデンでも活動し、都市住宅を多く手掛けた。チームXの活動や、設計をとおして建築家の社会参加やユーザーの参画に取組む姿勢は、当時の建築思想に影響を与えた。

書きにしておくとわかりやすい。

（2）敷地選定、配置計画やゾーニングのための参加

　建築士・建築家にとって周囲との関係で建物配置を検討することは当たり前だが、設計経験がない者はどうしても敷地内で考えがちである。まずは敷地と周囲との関係を捉えてもらうことが大切である。模型を敷地に当てはめ、その特徴を具体的に説明することにより、敷地特性が理解しやすくなる。敷地選定は、現地に行くことが必須である。敷地の大きさや方角、周囲との関係をその場で体験しながら理解することで判断基準が得られる。すでに敷地が決まっている場合は、敷地をどのように使うかの手がかりが得られる。

（3）平面計画のための参加

　平面的な関係だけではなく、行為に対してどのような空間が必要なのかを一緒に考えることが大切である。模型やイラストなどを用いて複数の案を示し、それぞれの特徴を説明しながら進めると良い。いくつかの選択肢から選ぶプロセスを「メニュー方式」といい、素人でも参加しやすい。フリーハンドの図面は、今まさに計画している雰囲気が出るので、意見が出やすい特徴がある。

（4）外観や色彩計画のための参加

　外観や色彩計画は、好みが出るので楽しい作業である。3つ程度の選択肢から選ぶようにすると参加しやすい。投票で選ぶと盛り上がる。この時、設計者としては、どれになっても支障のない候補案を出すことが大事である。設計者にも好みがあるが、各案で好き嫌いの度合いが大きいと、どうしても説明時に誘導しがちになるため、そうならないことが大切である。

②施工段階の参加

（1）利用者（施主）施工

　利用者（施主）が施工に参加する場合は、技術がなくても参加できる工事内容を選ぶ必要がある。例えば、床の防腐のための床下の炭入れや、土間床のタイルの乱貼り、木製床の塗装、壁の塗装、照明器具のカバーづくりなどは、方法を説明すれば特別な技術

がなくても可能である。きれいに仕上がらなくても、素人ならではの良さがあり、完成後に「この部分は私がやった」など話題にもなる。木の塗装は、リボスや桐油など透明の染込みタイプの塗装材が色ムラが出にくいので適している。床のタイルの乱貼りは、下地モルタルの段階で施主にタイルを自由に置いてもらい、写真を撮って、施工はプロの左官に任せる方法がお勧めである。裸の照明器具を半透明の塩ビシートで包み、押ピンやホチキスなどで留めると意外と良い照明カバーができあがる。

(2) 利用者（施主）支給

　材料や設備機器を利用者（施主）が支給するという参加の方法もある。施工材料の手配段階において工事内訳を参考に、WEB 検索などで代替品を購入すると良い。ただし、施工者と事前打合せをしておかないと、工事工程に影響を及ぼす場合がある。また、設備機器の発注は施工内容を把握した上で注文しないと、製品が届いたが取り付け金具は別売で設置できないこともあるため施主任せにせず、建築士・建築家がサポートする必要がある。

③完工時の参加

　完工時に、できあがった建物の中で、実際どのように使うかを利用者とシミュレーションすると、設計時にはわからなかったことにも気がつくと共に、現地で具体的な追加・変更等の調整もできる。このほかに、建築空間のポテンシャルを最大限に引き出すために、あえて想定した使われ方以外の使い方をみんなで検討するワークショップもある。

3-3　事例紹介

事例1：新築住宅「ブリッジのある家」

　千葉県習志野市の住宅地に建つ4人家族のための木造2階建て住宅の建て替えである。

(1) 施主によるコラージュ・10 の連想

　施主参加の設計においては、施主のアウトプットが重要であるため、まずは理想の家をテーマに、ご主人には 10 の連想、奥様にはコラージュをつくってもらい、それを基に設計コンセプトを設定した。ご主人の 10 の連想では、「広い空間、暗い隅っこ」など

コントラストのある言葉が特徴で、奥様のコラージュでは、「日差し、風景、緑、風」など自然への関心の高さが感じられた（図3）。そこから、吹抜けのあるリビングとダイニングを中心とし、様々な場が配されるというコントラストがある家が設計テーマとなった。

（2）3つのゾーニング案から選ぶ

　3案から選ぶメニュー方式を用いた。リビングダイニングを中心に庭側にコンサーバトリー（サンルーム）を配するA案、テラスを囲むように建物全体をL字形に配したB案、吹抜けのリビングダイニングを中心にキッチンを南側に配したC案である。結果的に施主はC案を選び、その方向で進めることになった（図4）。複数の候補案を示すことで、各案の特徴として設計の要点が明確になり、施主から意見を引き出しやすくなる。

（3）模型で形を共有する

　建物のボリュームを共有すべく、粘土で模型をつくり、ルーフテラスと屋根形状がデザインのポイントになることを理解してもらった。施主参加で大切なことは、各設計段階で施主の意見を引き出すことである。そのコミュニケーションにおいて、「設計結果を示す」のではなく、「検討案で意見交換する」態度が大切である。可塑性のある粘土模型は、その場で自由に形を変えることができ、施主が自分たちの意見が反映されていると実感しやすい。ここでは屋根形状をその場で施主と一緒に決めていった（図5）。その後、より具体的な模型をスチレンペーパーでつくり施主と共有した。この段階で、リ

図3　施主による理想の家のコラージュ

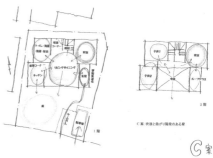

図4　配置計画・ゾーニング図（C案）

ビングダイニングの吹き抜けを通る廊下から「ブリッジのある家」と名付けられた。

（4）コストコントロールへの参加

　実施設計が完了した段階で、詳細図を含めた設計図書において、複数の工務店に同じ条件で相見積もりをとる。見積金額は多くの場合、予算を超える。見積内訳書から、コストダウンリストを作成し、それを基に、施主とどれを取り止めてコストダウンするかを検討する。今は無理でも将来的に実現したいことは控えて、将来の楽しみにとっておく。このケースでは施主との話し合いにより、当初見積もりから14％コストダウンし、予算内に収まった。

（5）施工への参加

　施工段階で施主に参加してもらう場合は、工事の定例打合せに毎回参加してもらうこ

図5　粘土の初期模型

図6　現場を訪問する施主

図7　施主、設計、施工者が協力して完成

図8　堀炬燵式で居酒屋的なくつろぎ感

とが重要だ。施主が工事内容の進捗状況を理解すると共に、施主の判断が必要な場面で
も、その場で質疑、承認ができる（図6）。ここでは、施主に玄関タイルのパターンをデザ
インしてもらった。タイル割りを描いた図面に、施主が2種類のタイルをレイアウトし
て、それを基にプロの左官がタイルを施工した。

　設計と施工の両方に施主が参加したので完成時の満足度は非常に高かった。プロセス
全体を体感するなかで設計や施工の苦労も理解できるため、納得感があるようだ。施主
に設計者と施工者が招かれた食事会では、施主が当初から希望していた居酒屋のような
リビングの掘炬燵のテーブルを囲んで楽しんだ。「一緒に楽しむ！」これも参加のデザイ
ンの醍醐味である（図7、8）。

事例2：シェアハウスへの増改築「田園都市生活シェアハウス」

　横浜市青葉台の住宅地に建つ築40年の木造住宅を増改築してシェアハウスにした事
例である。既存の住宅を訪問した際、庭をながめられる和室や施主の父親が使っていた
書斎の雰囲気が良く、これらは残したいと感じた（図9）。

（1）10の連想

　設計のヒントを得るべく、施主に10の連想をしてもらった。泥臭い自然のイメージ、
汗と笑顔が連なった利用者のイメージ、食事もシンプルで全体的に自然な雰囲気が特徴
だ（図10）。これらから「自然を満喫でき、のんびりと時間を過ごすと共に、時にはみん
なで楽しく食事とお酒を飲んで楽しめる家」を設計テーマとした。具体的には、共有空

もえぎ野の家→
①緑 → ②田んぼ → ③土（泥）→
④あせ → ⑤笑顔 →
⑥おいしいもの（食事）→
⑦シンプルな食事＋お酒 →
⑧ほっとする → ⑨眠くなる →
⑩うたた寝

図9　築40年の既存住宅　　　　　図10　10の連想

間としての LDK を広く取り、そこに日差しがたくさん入るようにすることを考えた。

(2) 3つのゾーニング案

　増改築するので、既存部と増築部とを合わせて検討する。3つのゾーニング案をつくる際に共通させたのは、既存建物の2階はプライベート空間として個室を配置し、1階は共有部分として新たなリビングを増築してつなげる構成だ。またウッドデッキは、居住者がのんびりできる外部のリビングとして使うことができるので、それも含めた3つの案を考え、施主に選んでもらった(図11)。後に施主から第4案のスケッチが出てきた(図12)。既存の中央部と増築部を合わせて LDK として扱い、西側に和室を設ける案である。元の3案より思い切った案で、和室から庭の景色も楽しめ、ウッドデッキを南側に配置すればリビングと連携して使うことができる。3つの検討案をとおして施主の理解が深まり、さらなる思い切った案が出てきた、正に参加のデザインとなった。

　福祉関係の仕事をしている施主は、以前から農作業が知的障害者に良い影響を与えることを体感しており、その活動のなかで地域の人との関係ができ、その活動自体がまちづくりにつながっているとの話があった。ここをその拠点にしよう！　ということで、「農業＋福祉＋まちづくり」をコンセプトにした。既存住宅は新耐震基準以前の建物だったため、建物全体における筋交いのバランスをとると共に、増築部とは構造を切り（エキスパンション）、現行法をクリアーする耐震補強設計を行った。さらに、全体的に自然光が入るように既存住宅の2階ホールの上にはトップライトを、増築部は一部の屋根を

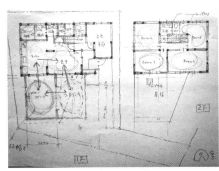
図11　既存と増築のゾーニング案

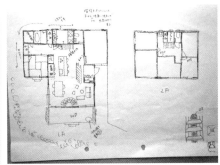
図12　施主からの計画案

上げて高窓を設けるなど断面計画を工夫した。

（3）施工段階での参加

　定例打合せにも参加してもらい、床下の炭入れ*4、アプローチの石貼り、ウッドデッキづくり、郵便ポストの制作を施主家族が行った。アプローチのレンガ敷は施主が自ら材料を調達して行った。ウッドデッキづくりは知り合いから材料を手配してもらい、福祉活動の仲間と一緒に施工した（図13）。また、郵便ポストは大学で建築デザインを学ぶ娘さんが自ら設計図を作成し、材料は工務店から調達して親子で制作した（図14）。このように、様々な方の協力を得ながら、農＋福祉＋まちづくり拠点としてのシェアハウスが完成、スタートした（図15）。

図13　協力者によるウッドデッキづくり　　図14　施主の娘さんによる郵便ポストづくり　　図15　完成、お披露目会

図16　スタッフによる現状分析（KJ法）　　　図17　関係者全員でコラージュづくり

＊4　床下に炭を入れることによって床下の木の防湿・防臭に効果がある。

事例3：公共建築の増築「隠岐の島、海士町さくらの家」

　島根県海士町の農林水産物加工所に知的障害者のための作業施設を増築した事例である。最初に施設のスタッフと既存建物について考えるワークショップを行った（図16）。KJ法を用いて、良い点と問題点、ソフトとハードに分類したところ、ハードに問題点が多いことが理解できた。また、現状建物の観察調査をした。管理室の中を作業者が通ってしまう状況や、作業場でメンバーが寝ている状況、訪問者を受け付ける場所がないなどの問題点が得られた。増築計画により、これらを改善する必要があった。

(1) コラージュ大会

　作業者、スタッフ、行政の方と一緒に、「未来のさくらの家」をテーマにコラージュ大会を実施した。参加者が多いので、模造紙2枚をつなげて大きな台紙を使ってワイワイ、ガヤガヤ楽しんで作成した。あらかじめスタッフに雑誌を用意してもらい、それらから好きなイメージをはさみで切って台紙に自由に貼り付けていき、密度の濃いコラージュができあがった（図17）。人のつながりや、力強さ、加工作業の楽しさが感じられた。これらから「手づくりを楽しむ、夢と希望が感じられる場」を設計テーマとし、具体的には「人を迎え入れる建物」を設計方針とした。

(2) 3つのコンセプト模型で投票

　コンセプトを表現した模型を使って3つの完成イメージの投票を行った（図18）。施設で加工するハーブの木を表現したA案、作業の流れがスムーズなB案、複数の出入口の

図18　3つのコンセプト模型、左からA・B・C案　　図19　壁に古新聞詰めワークショップ

ある3ブロックで構成されたC案の3案で、町長などの行政職員、施設のスタッフや作業者で投票し、結果発表は盛り上がった。一番票が多かったC案を基に、その後さらに具体的な模型を作成してみんなで共有した。

（3）施工への参加

建物全体の色彩計画、内装タイルの色決め、床タイルのデザイン、断熱材代わりの古新聞詰め、壁と床の桐油塗装、ウッドデッキと屋根づくりを関係者みんなで行った。特に新聞詰めワークショップは大イベントとなった（図19）。3グループに分かれて作業をし、時間を決めて役割を交代した。スタッフの子どもたちも参加し、張り切ってやってくれた。この場に来られなかった人も古新聞を寄付することで参加してもらった。また、タイルのデザインワークショップでは、参加者に15cm角の枠を描いた用紙に自由にデザインしてもらい、タイル自体はデザイン画を基に陶芸家が制作した。自分のデザインがタイルとなり、それが床に貼られることは記念になる。多くの関係者が参加してくれた。みんなで一緒につくったことにより、公共建築として身近な存在になったと感じた。

（4）使い方ワークショップ

完成時にはスタッフと作業者と一緒に、使い方をシミュレーションするワークショップを実施し、椅子やテーブルなどをどこに置けば使いやすいか、何を用意しておく必要があるかなど必要な備品の確認や、気持ちの準備ができた（図20、21）。共有スペースの床に貼られたタイルを指さして、「これ僕がデザインしたタイルだ」と嬉しそうにしてい

図20　完成した施設

図21　使い方ワークショップ

る作業者の顔を見て、親しみを持ってくれていることを確信した。

　公共施設の増改築においては、新しい建物が利用者に拒絶されず、親しみを持って使われることが大切であるが、この参加のプロセスにより、利用者同士の連帯感や建物に対する親密感が自然に醸成され、新しい施設が利用者に親しみを持って受け入れられ、利用されるようになったことが特筆できる。

　参加のデザインでは、利用者が設計や施工のプロセスに関わることにより、自分事として捉えられるので、愛着感と共に大切に使おうという気持ちが生まれる。そのため、利用内容に変化が生じても、建物の使い方をうまく工夫するようになり、長く使うことができるので、サスティナブルな手法であるとも言えるのである。

4　主体は施主・利用者

　参加のデザインは、施主や利用者が設計や施工のプロセスに関わることであるが、そこでの建築士・建築家の役割は、施主や利用者の想いを翻訳するという設計行為になるのがポイントである。つまり、作品をつくるのが目的ではなく、「結果としての作品性」が生まれるのである。これは住民主体のまちづくりにつながる。建築士・建築家の設計・提案能力を活かすためには、一方的な押し付けの提案ではなく、住民の声を手掛かりに一緒に創造する、住民の声を空間として具体化するという立ち位置が求められ、それが建築系まちづくりに関わることの良さである。

1-4

人口減少社会
における
空き家・空き地の
利活用と
建築系専門家の
可能性

饗庭 伸

1　人口減少社会で起きていること

　我が国の人口減少社会は 2008 年に始まった。人口増加が始まった明治初めの頃の人口は 3,000 万人ほど、2008 年の人口は 1 億 3,000 万人ほどであるので、これまでの 150 年間で差し引き 1 億人分の新たな都市をつくってきたと考えるとわかりやすい。

　人口が減っていくと都市の形はどのように変化するのだろうか。都市は中心から外に向けて拡大してきたので、人口が減る時にはその逆、つまり外から内側に向かって縮小するのではないかと考えてしまいがちであるが、我が国の都市は土地を細かく分けて個人や法人に分譲しながら拡大をしてきたので、外側に土地や建物を持っている人が、同じタイミングで一斉に土地や建物を手放さないとそういうことは起こらない。現実的に考えると、都市の内部のあちこちで、それぞれの人が自身のタイミングで土地や建物を手放す、つまり一つひとつは小さな土地や建物が、空き地や空き家になっていくという形で都市は縮小していく。この現象は「都市のスポンジ化」と呼ばれている（図 1）。

　都市のスポンジ化は必ず起きる。我が国の土地の所有権は強く、その土地所有の法制度を簡単に変えることができないからである。都市のスポンジ化の問題としてダイナミ

ックに都市を変えることができない、全体に低密度化が進むので、インフラストラクチャー等の維持やメンテナンスの効率は悪くなる、といったことが指摘されている。しかし都市のスポンジ化の構造を変えることはできないので、私たちが考えなくてはならないのは、発生する問題を低減しつつ、スポンジ化の構造をしたたかに活用し、豊かな暮らしや仕事を実現する都市をつくっていくことである。その時に本稿の主題である「空き家・空き地の利活用」が中心的な取組みになってくる。

空き家・空き地の利活用は、道路整備や公園整備や土地区画整理事業によるダイナミックな取組みではなく、個人住宅や個人商店程度の小さな空間によって都市を変えていこうという取組みである。こうした時に、建築系の専門家が持っている空間デザインの力や、個別の施主とコミュニケーションをする力が役立つのではないだろうか。

2 空き家・空き地の何が問題なのか

都市のスポンジ化はどのような状況なのであろうか。2018年の住宅・土地統計調査によると、全国の空き家数は849万戸と推計され、全住宅数の13.6%であるとされている。およそ8軒に1軒が空き家という計算になるが、体感的にはそこまでの空き家はない。実は、住宅・土地統計調査では空き家は外観から判断されるため、所有者に調査すると、その数は大幅に減少する。一見して空き家であっても、所有者は物置として使用してい

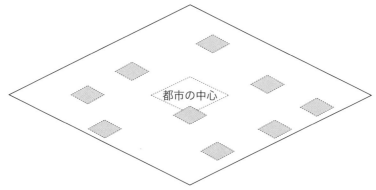

図1　都市のスポンジ化のイメージ

るとか、所有者が高齢者向け住宅と2拠点で暮らしている、といったような状況がたくさんあるからである。人口が減少し、さらに世帯数の減少が始まった都市で空き家の数は増えていくことは間違いないが、実際の空き家化は目に見えにくい。それは急激な破滅的な変化ではなく、大きな都市問題を引き起こすこともなさそうだ、ということが筆者の見立てである。

　都市が拡大する時と、縮小する時に起きる都市問題の本質は異なる。都市の拡大期には「過密」の状態、つまり都市空間が不足しているところに人口が集中してしまい、そこに防災や公衆衛生などの都市問題が発生した。火災や伝染病が広がりやすい都市は、そこに暮らす人たちの命を危険にさらす。それ故に都市計画は公共投資をつぎ込んで道路や公園をつくったり、スラムを公営住宅に建て替えたりしてきたのである。しかし、都市の縮小期には「過密」とは全く逆の「過疎」の状態、人口に対して都市空間が余ってしまう状態が出現する。

　では過疎はどのような都市問題を発生させるだろうか。少なくとも火災や伝染病のリスクは、過疎によって低減されていく。過密は都市の拡大期に現れた強敵であったが、その強敵が去った後にあらわれた過疎が強敵であるかははっきりしないし、そもそも敵ですらないかもしれない。都市のスポンジ化は、これまで過密であった日本の都市の環境を改善する福音であるかもしれない。

　敵であろうと味方であろうと、スポンジ化は抗うことができない大きなトレンドである。空き家・空き地を減らす、すべてを利用された状態にすることは不可能であり、都市計画やまちづくりにおいて、例えば「このまちの空き家率を10％下げる」といった無理な目標を立てるべきではないだろう。空き家・空き地の解消を課題とするのではなく、空き家・空き地を使ってその地域でどのような都市計画やまちづくりが可能か、つまり、スポンジ化の解消を都市計画の課題とするのではなく、スポンジ化する都市の構造に合わせて都市計画をどう実現していくか、空き家・空き地を手段として捉えるような発想の転換が必要である。次項からはその具体的な方法を整理していこう。

3 空き家・空き地の実態と都市の新陳代謝

まず空き家・空き地の実態を知っておこう。そのあらわれ方には地域差がある。

空き地は航空写真を見るだけで、どこが空き地なのかを簡単に知ることができる。一方、空き家の実態を知るには、実際に都市を歩いて、一つひとつの住宅を見ていくしかない。表札がない、庭木が手入れされずに繁茂している、郵便受けが閉鎖されている、雨戸が閉まりっぱなしになっている、窓ガラスや屋根の一部が壊れているといったことが空き家を見る時の1つの目安になる。一見すると空き家だとわからないことも多く、都市を歩くだけでは正確な把握は難しいが、おおよその密度をつかむことができる。

空き家・空き地の問題は宅地全体に占める割合（空き家率や空き地率）で表現されることが多い。しかし、例えば10%を超えると危険であるとか、20%を超えると手遅れであるといったような、その割合の意味は学術的には定義されていない。前述の住宅・土地統計調査では13.6%という全国平均が明らかにされているので、7〜8軒に1軒程度の空き家・空き地があるかを1つの目安にしておくと良いだろう。

なお、空き地について注意しておかないといけないのは、土地が分譲されたあとに一度も住宅が建ったことがない宅地が少なからず存在しているという事実である[*1]。これは人口減少にともなって住宅が空き地となる現象とは異なる現象である。こうした違いを理解するためには、古い航空写真と現在のものを比べてみることが有効である。古い航空写真は国土地理院が公開しているので、活用すると良い[*2]。また、空き家・空き地の実態の前提としなくてはならないのが、どちらも常に変化している現象であるということだ。空き家の実態をまとめた半年後にその空き家があっさりととり壊され、新しい住宅が建ってしまうということはよく起きる。都市にある土地や建物は所有者が変わったり、建て替わったり、常にゆっくりとした新陳代謝のなかにある。空き家・空き地も、その新陳代謝の1つの段階に過ぎず、それ自体は不健康な状態というわけではない。

その新陳代謝は、商業地の場合は商売の盛衰に、住宅地の場合はそこに住む人たちの家族構成の変化に規定される。人口が減少したからといって、すぐに空き家・空き地が

---

*1 バブル経済期までは、安い時に土地だけを購入し、値上がりしたら売却するといった購買行動がよく見られた。しかし、バブル経済が破綻し、土地の値段が下落して売却できなくなったり、景気悪化により住宅を建てられなくなったといった理由で一度も建物が建てられていない土地が存在することになった。

*2 国土地理院　地図・空中写真閲覧サービス（https://mapps.gsi.go.jp/maplibSearch.do#1）

増え、新陳代謝がはじまるわけではない。例えばある都市に 1,000 戸の住宅があり、そこに夫婦と 3 人の小学生がいる家族が住み始めたとしよう。5 人家族×1,000 戸であるので人口は 5,000 人である。そしてそのままどの家族も引っ越さないとすると、10 年、15 年と時間が経つにつれて、人口が減り始める。それはそれぞれの家族から子どもたちが独立していくからであり、5 人家族が 2 人家族になるまで、つまり 5,000 人の人口が2,000 人になるまで人口減少は続く。しかしこの時点でこの都市に空き家があるのかというと、すべての家に夫婦が住んでいるので 1 軒もない。空き家が増え始めるのは、夫婦のうちの一人が欠け、やがてどちらもが亡くなるころであり、例えば子どもが独立した夫婦の年齢を 55 歳だと仮定すると、そこから平均的な寿命である 80 歳を超えるまで、空き家が増え始めるまで 25 年ほどのタイムラグがある。つまり人口数の増減を調べたところで、空き家・空き地の実態がわかるわけではなく、見なくてはならないのは世帯数の増減である。住宅地においてはまず人口数が減り始め、次に世帯数が減り始め、最後に空き家・空き地が増え始め、そこに至って初めて新陳代謝が起こっていると理解しておけば良い。

4 法制度の状況と政策

近年の法制度の状況を整理しておこう。

①空家等対策の推進に関する特別措置法

空き家対策の中心となっているのが、2014 年に制定された「空家等対策の推進に関する特別措置法（以下「空家特措法」）」である。その目玉は「特定空家」と呼ばれる適切に管理されていない空き家[*3]の所有者に対して、管理をはたらきかけたり、助言や指導を行ったり、最終的には公的資金を使ってとり壊しをすることができるという仕組みである。もちろん重要な仕組みではあるが、「特定空家」は属人的な、すなわち所有者の個人的な事情を原因としてあらわれる「がん細胞」のようなものであり、どちらかというとゴミや清掃行政の系譜にあるものである。

都市計画やまちづくり行政の視点から問題となるのは、都市が空き家・空き地だらけ

---

*3 特定空家の状態は以下のように定義されることが多い。
　　・そのまま放置すれば、倒壊等著しく保安上危険となるおそれのある状態。
　　・著しく衛生上有害となるおそれのある状態。
　　・著しく景観を損なっている状態。

になること、つまり不動産の市場が機能しなくなり、土地や建物の新陳代謝が起こらない状態になってしまうことである。特定空家の除去のような「対症療法」ではなく、都市の新陳代謝を高めるような「根治療法」、具体的には、健康診断のようにスポンジ化の状況をチェックし、その結果にそって何らかの都市計画やまちづくりを行なっていくことが必要である。こうした都市計画やまちづくりのために、空家特措法では「空家等対策計画」と「空家等の実態調査」が位置づけられている。実態調査を行うにあたって、固定資産税の課税情報を利用することも可能になっており、市町村がしっかりと取組めば、正確な実態調査の上で効果的な計画を立案することが可能である[*4]。

②所有者不明土地の利用の円滑化等に関する特別措置法

　空き家・空き地、空き店舗、工場跡地、耕作放棄地、管理を放棄された森林、一時利用の資材置場や青空駐車場など低・未利用地の活用・管理は、バブル経済が崩壊して不動産市場が不活性な状態に陥った 1990 年代の後半から土地政策の大きな課題となっていた。そこで組み立てられた政策は、一定の規模以上の低・未利用地の情報を集約し、所有者に利用を促していく（国土利用計画法の遊休土地制度）といったものであり、不動産市場の活性化とともに一定の効果をあげてきた。

　こういった取組みが進む中、大きな問題として浮上してきたのが、低・未利用地の所有者がわからず、利活用することができないという問題である。特に古くから人が住んでいるようなところでは、相続などで土地の権利が細分化され、1 つの土地に 100 人を超える権利者がいるという事例も珍しくない。全員の所在が明らかであり、土地についての意思決定が行われるのであれば問題はないが、意思決定ができない、連絡がつかない、連絡先がわからない、そもそも誰が権利者であるかすら確定できないという土地が多くある[*5]。こうした問題に対応するため、2018 年に「所有者不明土地の利用の円滑化等に関する特別措置法（以下「所有者不明土地特措法」）が制定され、そこで所有者等の探索を合理化する仕組みが定められたほか、地域福利増進事業が創設された。これは反対する権利者がおらず、利用されていない所有者不明土地について、民間が利用権を設定することができるというものである。例えば都市の中心部にある所有者不明の空き

[*4]　空家等対策計画は 2019 年 3 月末の時点で全国 1051 の市区町村で策定済みである。
[*5]　2016 年の地籍調査によると、登記簿上の所有者不明土地の割合は約 20%、面積は九州本島を上回る約 410 万 ha に上るという。

地を、自治会の手によって地域のための広場として利用できるという仕組みである。法改正から間もないため実績はないが、今後の活用が期待される。

5　政策の組み立てかた

　これらの2つの法も活用しながら、現場ではどのように政策が組み立てられようとしているのか、手順を追って見ていこう。

①実態調査

　5年に一度の住宅・土地統計調査は、サンプルをとって全体を推計するという方法が使われているが、この調査の結果を見ることで、都市の空き家の概数を知ることができる。しかし、気をつけなくてはならないのは、この調査はあくまでも建物の外観だけを目視で調査をしているということだ。実際に空き家かどうかはそもそも外観からはわかりにくいことが多い。あくまでも「外見上の空き家」の実態がわかるものとして考えておくと良いだろう。

　より正確に実態をつかむにはどうすれば良いだろうか。空家特措法によって、市町村が空き家の実態調査を行うことができるようになった。調査の方法は市町村によって様々であるが、外観目視のデータに加えて、①水道の開栓情報、②固定資産税等の納入、③近隣の町会や自治会長へのインタビュー、④所有者へのアンケート調査といったデータから判断されていることが多い。こうした調査を行って得られた空き家のデータは、住宅・土地統計調査のデータと大幅に食い違うことが知られている。その違いは外見上の空き家と、空き家の所有者からみた空き家の違いである。

　こういった実態調査を調査会社任せにせず、自治体の職員や空き家・空き地利活用の当事者、さらに利活用を支援する建築系の専門家が直接行うことも重要である。この時に重要なことは空き家を発見することだけではなく、都市の新陳代謝の状態を見ること、都市が健康体なのか風邪をひきかけているのか、成長期なのか、成熟期なのか、衰退期なのかを見極めることである。現地に足を運び、空き家だけでなく周辺の住宅地の状況も観察することで、都市の状態を総合的につかむことができる。

②所有者の意向調査

　実態を正確に把握するためには、所有者の考えを確認することが必要である。空き家の実態調査のために課税台帳の情報を使うことができるため、納税者にアンケートなどの調査を行うことによって空き家かどうかの情報を集めることができる。アンケートでは空き家であるかどうかについての質問に加え、その住宅を持っていることでどのような悩みがあるのか、「空き家バンク」への登録意向などその住宅の利活用についての考え方などを尋ねておくと良いだろう。

　なお、所有者に対する意向調査は、民間業者や地域住民が直接行うのではなく、行政が関与することが望ましい。行政が関与することによって、所有者が安心して調査に協力することができるからだ。

③空き家・空き地の対策計画

　実態を踏まえて空き家・空き地の対策計画を立案する。計画とは一般的に方針や目標とそれを実現するための施策を体系的に整理するものである。方針や目標を考える際に強調しておきたいのは、空き家・空き地をただ減らすことだけを目標とするのではなく、現在の「過密」を解消した先にある適切な「過疎」の密度を考えること、そして空き家・空き地を使ってその地域でどのような都市計画やまちづくりを行なっていくのかも合わせて目標とするということである。人口も世帯も間違いなく減っていくので、その大きな流れに逆らうことは難しい。減少したあとの人々が豊かに暮らせる、現在よりは低密度な都市像を見極めることが計画をつくる意味である。

　空き家・空き地の施策は、一般的に、①所有者や地域の意識啓発、②情報収集と共有、③空き家バンク等による流通の促進、④空き家・空き地の利活用、⑤特定空家等への対応といったメニューで組み立てられる。④については、地域住民やNPOが公益的な目的で空き家を使うことを支援する施策が行われたり、地方都市であれば空き家への移住を支援する施策が行われることがある。いずれの施策においても、民間の不動産を扱うことになるので、行政だけでその施策を担うことは難しく、地域の不動産業者との連携も必要になってくる。空家特措法では、地域の関係主体が集まって空き家対策を推進す

る協議会も位置付けられており、民間との連携の枠組みとして活用できる。

6　利活用の事例

　最後に具体的な空き家を使ったまちづくりの事例を見ておこう。

　東京郊外のH市では空き家・空き地の所有者と自治会や町会をマッチングし、空き家・空き地を地域コミュニティのための場所として利用する取組みを推進している。そのうち筆者の研究室で取組んだ、空き家跡地に小さな広場を整備した事例を紹介しよう。

　M団地は昭和40年代に丘陵地の斜面を造成して開発された団地であり、人口の高齢化とともに全体に老朽化が進み、少しずつ空き家が目立ち始めた状況であった。しかし、空き地が住宅市場で取引されないほど地価が落ちているわけではなく、所有者の意志さえ整い、適切な価格を設定さえすれば、空き家・空き地に新しい所有者を見つけることができる。つまり空き家の解消そのものはまちづくりの課題ではなく、高齢化が進む地域での暮らしを支えるために、空き家・空き地がどのように使えるか、という視点から取り組まれたまちづくりである。

図2　空き家まちづくりのワークショップ

最初に行ったことは、自治会を中心とした地域住民が集まって、自分たちの団地の課題を考えるワークショップであった（図2）。昭和40年代に開発された古い団地ということもあり、団地には公園や集会所といった施設がつくられていなかった。炊き出し訓練等も路上で行なっている現状があり、住民が集まることができる広場や集会所が必要だという課題がそこで見出された。

　一方で、自治会では地域の空き家についても情報を集めており、団地内にある空き家Sが課題となっていた。空き家Sは単身者向けにつくられた木造アパートであり、ここ10年ほど入居者がいないことに加え、所有者が遠方に居住していることもあって管理が十分になされていない空き家となっていた。見兼ねた近隣住民や自治会メンバーが雑草の手入れをするという状況もあったという。H市では空家特措法に基づく空き家対策計画を作成する際に、空き家の実態調査を行い、そこで空き家と目される住宅の所有者に利活用意向の調査を行なった。調査票には「所有する空き家を地域で利活用することに興味があるか」という問いが設定されており、そこに好意的な回答を寄せてきたのが空き家Sの所有者であった。こういった地域ニーズと、使えそうな空き家の存在を前提と

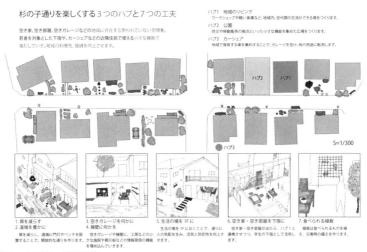

図3　M団地の計画提案

して、地域住民のワークショップで意見交換を重ね、空き家・空き地、空きスペースを使ったまちづくりの提案書を作成した（図3）。

　空き家Sは、壊さず再利用するにはあまり良い状態ではなかったため、空き家を撤去すること、その跡地を市が借りて地域の広場にすること、市は同地の固定資産税を免除すること、いずれ所有者が開発等の意向を持った時には広場を撤去するといった提案がまとめられ、行政が仲介する形で自治会が所有者と交渉した。

　所有者の反応は好意的であった。いずれ壊さなくてはならないと考えていたこともあって、所有者の負担によって空き家が撤去され、そこに小さな広場が整備されることになった。行政には広場整備のための予算はなかったため、自治会の有志の手によってベンチや花壇や菜園がDIYで整備された。さらに、できあがった広場を運営する組織が立ち上がり、菜園や花壇の管理が行われているほか、小さな地域イベントが開催されているなど、地域の公共の拠点として機能している（図4）。

　空き家を撤去して地域の広場をつくるというありふれた事例ではあるが、成立した要因としては3つ考えられる。まずは自治会のなかのリーダーシップがはっきりしている

図4　空き家跡地につくられた広場

ことに加え、歴代の自治会役員の有志が退任後に防災会活動を行っていたことが挙げられる。問題意識を持った人が多くおり、ワークショップを通じてその問題意識がまとまっていったのである。次に、行政が空き家の所有者を調査し、所有者と自治会の交渉の場の設定までを担ったことも重要なことであった。特定の空き家・空き地を利活用しようとする時に、所有者に断らずにそこを利活用することは難しい。それまで自治会は所有者に連絡するすべを持たず、所有者がもともとの地域住民でなかった（いわゆる不在地主）こともあり、信頼関係を築けていなかったが、信用力のある行政が仲介することで、新たな信頼関係をつくることができた。最後に、空き家という小さな空間を扱ったことで、手軽に速く、多くの人たちの少しずつの協力の積み重ねで比較的手軽に早く広場が実現でき、さらにその過程で自治会の人々の人間関係が強く結び付けられることとなった。広場の整備という現実的な目標があることで、花を管理することが得意な人、DIY が得意な人を自治会の活動のなかに巻き込むことができたのである。

　現在は団地内の他の空き家を、広場と合わせてどのように活用できるかについて、引き続き検討を進めている。人口減少時代においてはあちこちに空き家や空き地が現れるが、最初の場所の活用が成功したことで、次に現れてくる空き家を連鎖的に活用していくことができる。こういった連鎖性はスポンジ化する都市空間の強みであると考えらえる。

　この例は、都市が低密化していくなかで、あいたところに広場を埋め込み、近隣の住宅での暮らしを豊かにした事例であると言える。昭和 40 年代に開発された住宅団地の住環境は決して豊かなものではなかったが、新陳代謝のタイミングを捉えて公的な空間を埋め込んでいくことにより、住環境を豊かにしていくことができたのである。

7　おわりに

　人口減少社会や空き家・空き地が悲観的に捉えられ、危機感を煽るような言説も少なくない。本稿ではそういった言説に惑わされず、地域における豊かな暮らし、豊かな仕事を実現するために、住民を中心とした地域の主体が空き家・空き地を使った都市計画、

まちづくりを実現していくための方法を整理した。

　こうした中で、建築系専門家には、空き家がリノベーション等を経て再生できるかという判断のための専門的な知見の提供、リノベーション等の設計や施工監理といった建築単体に関することに加えて、建物所有者や地域の合意形成の支援、地域の空き家の実態調査など多くの活躍の場がある。その前提となるのは、個別性を持った個々のプロジェクトに固有の解を見出していこうという建築系専門家ならではの態度である。多くの丁寧な建築の仕事が、ランダムに発生するスポンジの穴を丁寧に埋め、都市を少しずつ改善していくのである。

1-5

魅力アップにかかせない市民とつくる「まちづくりのルール」

松本 昭

1 「まちづくりのルール」はなぜ必要か？

　まちには、多くの人が、住み、暮らし、働いている。安全で快適なまちをつくり、持続的に経営管理するためには、まちに暮らし、まちで活動する多くの市民や事業者が協力して、より良いまちにするための約束事、「まちづくりのルール」をつくる必要がある。具体的には、建物をつくったり直したりする時のルール、道路や河川、公園や広場など公共空間や公共施設を整備する時のルール、まちを運営したり管理したりするためのルールなど、ハード・ソフトの多様なルールが必要である。こうした多様なルールを上手に組み合わせ、まちの魅力を高めていくことが、まちづくりの専門家の大きな役割である。

2 まちづくりのルールの種類

2-1 基本ルールと地域ルール

　まちづくりのルールには、法律に基づき、全国共通の約束事を定めた「基本ルール（固定ルール）」と、県や市区町村の条例に基づき、地域の価値や魅力を高めるための「地域ルール（創造ルール）」がある。より良いまちづくりのためには、基本ルールをベ

ースに地域住民とつくる地域ルールも活用しながら進めることが大切である（図1）。

2-2　性格からの分類

　まちづくりのルールには、法的性格などから、次のものがある。

①法律

　「法律」は、ナショナルスタンダード（国家的標準）、シビルミニマム（必要最小限規制）の観点から、国会の議決を経て定められた全国共通の基本ルールである。都市計画法、建築基準法、景観法のほか、道路法、都市公園法、都市緑地法、河川法など、まちづくりの基幹となる公共施設の整備等に関する法律も重要である。

　また地域特性に応じて定めるものも多く、法律で基本的事項を定め、その内容や詳細は②で解説する条例に委任することを定めた事項も多くある。例えば、都市計画法に基づく地区計画の決定手続や建築基準法に基づく日影規制は、法律に基づき、地方公共団体の条例でその内容を定めている。

②条例

　「条例」は、地域特性を活かしたまちづくりを進めるため、まちづくりに関する手続や基準を地方公共団体の議会の議決を経て定めるものである。条例には、その立法根拠から、地方自治法の自治立法権*1に基づく「自主条例」と個別法（都市計画法等）に基づく「委任条例」に大別される。条例に基づくまちづくりのルールとして、「まちづくり条例」「景観条例」「市民参加条例」「紛争予防条例」などがある。

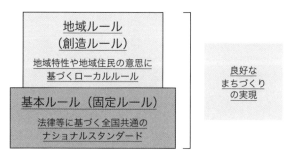

図1　地域ルールと基本ルール

---

*1　地方自治法第14条第1項では「普通地方公共団体は、法令に違反しない限りにおいて第2条第2項の事務（地方自治に関する事務）に関し、条例を制定することができる。」と規定している。括弧内は筆者加筆。

③協定

　まちづくりに関する「協定」には、次の2つがある。1つは、まちづくりのルールに賛同する人たちが、法律の規定に基づき、民事上の契約行為として定める「法律に基づく協定」、もう1つは、まちづくりのルールを行動規範や努力目標として自主的に定める「自主協定」「紳士協定」と呼ばれるものである。前者の法律を根拠とした協定には、建築基準法に基づく「建築協定」、景観法に基づく「景観協定」、都市緑地法に基づく「緑地協定」などがある。一方、「自主協定」「紳士協定」等は、次項④の憲章・宣言等と共通性がある。

④憲章・宣言・申し合わせ事項

　地域のまちづくりの基本的考え方や方針、姿勢などを定めたもののことで「まちづくり憲章」「まちづくり宣言」などと呼ばれる。一種の紳士協定であり、自発的な適合を求めるもので、法的な拘束力はない。「銀座まちづくり憲章」「横浜元町まちづくり憲章」など、個性的なまちづくりを進めている地域は、まちづくり憲章を定めていることが多い。

⑤まちづくりガイドライン

　景観まちづくりや市民参加のまちづくり、あるいは特定地区のまちづくりを良好に進

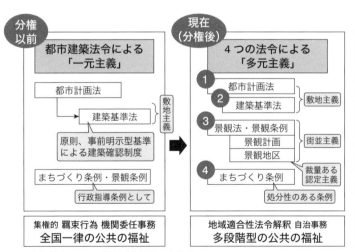

図2　分権前後における都市建築法制の全体像

めるために、市民、事業者、専門家などに、まちづくりに関するテーマや地域ごとの指針や指標といった、まちづくりの手がかりや方向性を明示するものである。多くのガイドラインは、「景観形成ガイドライン」「まちづくりデザインガイド」などわかりやすくビジュアライズされている。

2-3　法律に基づく「まちづくりのルール」

①地区計画

　地区計画とは、都市計画法に基づき、地区の課題や特徴を踏まえ、地域住民と市区町村とが連携しながら、地区の目指すべき将来像と、その実現のために定められたまちづくりに関するルールのことである。したがって、地区計画に適合しない建物などは、建築できない（図3）。

　また、地区計画は、住民参加のまちづくり手法の1つでもあり、総合性、詳細性、柔軟性を一体的に備えており、我が国で最も活用されているまちづくり手法である（図4）。

②建築協定・景観協定・緑地協定

（1）建築協定

　建築協定は、建築基準法の規定に基づき、土地の所有者等の全員の合意により、建築基準法等の最低の基準に一定の制限を上乗せし、互いに守りあっていくことを約束し、その内容を市町村長が認可するものである。認可後の運営は、地域住民が組織する運営

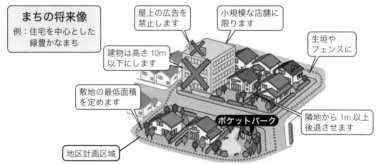

図3　地区計画のイメージ（出典：横浜市HP「地区計画とは？」より作成（https://www.city.yokohama.lg.jp/kurashi/machizukuri-kankyo/toshiseibi/suishin/minnade/matiru06.html)）

委員会により行われる。財産権を制限する一方で、良好な地域環境の保全や魅力的なまちづくりの実現に役立つのである。

（2）景観協定

　景観協定は、景観法に基づき、土地所有者等の全員の合意によって、良好な景観形成を図るため、建築物の形態意匠、敷地、位置、規模、用途等の基準や緑化に関する事項、屋外広告物の基準など幅広く定めることができる制度である。

（3）緑地協定

　緑地協定は、都市緑地法に基づき、地域住民の自主的な意志を尊重しながら地域の緑化を推進しようとするもので、一定区域内の土地所有者等の全員の合意により、樹木等の種類、植栽する場所、垣または棚の構造等の必要事項を定め、市町村長の認可を得て締結される協定である。緑地協定には、既にコミュニティが形成されている住宅地等において、土地所有者等の全員の合意により協定を締結し、市町村長の認可を受けるもの（全員協定：45条協定）と、開発事業者が分譲前に市町村長の認可を受けて定め、3年以内に複数の土地所有者等が存在することになった場合効力を発揮するもの（一人協定：54条協定）の2つがある。

3　地域特性を生かすための「まちづくり条例」

3-1　まちづくり条例の目的

　「まちづくり条例」とは、行政と市民が協働し、地域特性を生かした良好なまちづく

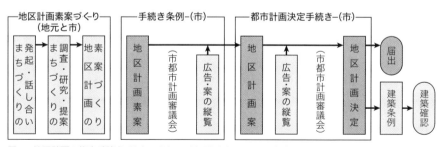

図4　地区計画の策定手続き（出典：西宮市HP「地区計画地とは」より作成（https://www.nishi.or.jp/smph/kotsu/toshikeikaku/nishinomiya_toshi/toshikeikaku/chikukeikaku.html））

りを進めるための約束事（ルール）を条例という形式で定めたものを言う。言い換えれば、そのまちにおける「まちづくりの作法」を定めたものと言える。

　そして、まちづくり条例には、3つの目的がある。1つは、地域における「まちづくり施策」の総合化である。これは、都市計画法、景観法、建築基準法など多くの縦割りの法制度を市町村レベルで横串を通し、地域レベルのまちづくりに総合化して、地域特性に応じた制度にバージョンアップするためである。2つは、市民参加のまちづくりシステムの確立である。これは、都市計画法や景観法などに基づくまちづくりの諸制度を、市民の参加・参画・協働により進めるための手順や手続、支援方策などを明示するためである。参加のまちづくりルールは、法令で全国一律には扱えない領域であり、ここに条例を制定する意義がある。3つは、地域固有のまちづくり課題への取り組みである。各地域には、自然的あるいは地形的な特性、歴史的あるいは文化的な背景と蓄積、産業構造の転換などに基づく地域固有のまちづくり課題が存在する。こうした地域固有のまちづくり課題に取り組むための制度やルールを定めるものである。一例として、多摩川の河岸段丘である国分寺崖線の緑地や湧水を保全するための「世田谷区国分寺崖線保全整備条例」がある。

　このように、まちづくり条例は、地域をよくする多くの道具を備えたもの、つまり「地域をよくする道具箱」と言える。

3-2　まちづくり条例の系譜と到達点
①系譜
　まちづくり条例は、地区計画制度（1980年）の創設を契機に、神戸市（1981年）と世田谷区（1982年）ではじめて制定された。そして、バブル期には地価高騰やリゾート開発に対処するため、優れた地域リーダーのもと、湯布院町（1990年）、掛川市（1991年）、真鶴町（1992年）などの地方都市において、特色ある土地利用規制を有する条例が制定された。

　1992年「市町村マスタープラン」が制度化されると、「マスタープラン達成型まちづ

くり条例」が主流になる。この特色は、まちづくりの真の担い手である市民に、まちづくりへの参加の機会を多面的に保障する「参加のまちづくりシステム」に力点が置かれたことである。豊中市（1992 年）、鎌倉市（1995 年）、世田谷区（前掲 1995 年改正）、箕面市（1996 年）、大和市（1998 年）のまちづくり条例が代表例である。

　その後、2000 年の地方分権改革とこれに伴う都市計画法等の改正による条例制定環境の拡大を背景に、まちづくり条例は、市民、事業者、行政が連携協力して地域の社会的利益の増進を協働ですすめる「ガバナンス（共治）のまちづくり」に応えるため、分権と参加の仕組みを包含した総合的なまちづくり条例が、逗子市（2001 年）、大磯町（2002 年）、狛江市（2003 年）、国分寺市（2004 年）、練馬区（2005 年）、八潮市（2011 年）等で制定され、今日に至っている。

②到達点

　上記の系譜を踏まえ、現在のまちづくり条例は、①市民が、主体的に地域のまちづくりに関わる仕組みを構築し、あるいは、開発事業に対する住民関与を保障するなど参加と協働の多様な仕組みを確立したこと（参加と協働のまちづくりシステムの構築）、②大規模用地の土地取引や土地利用転換の機会を捉えて、市民参加の下、まちづくりの協議調整を行い、地域特性を活かした土地利用の決定プロセスを創出したこと（協議調整ルールの確立）、③開発事業の審査に処分性を付与して、開発手続と開発基準に拘束性を持たせたこと（処分性の付与）等により、地域に志があれば、総合性・実効性を備えた強力な自治の手立てを築くことが可能になった。

3-3　まちづくり条例の性格と分類

①法的性格からの分類

（1）自主条例

　自主条例とは、地方自治法第 14 条の自治立法権に基づく条例を言い、地方自治の事務に関し、　法令に違反しない限りにおいて条例を制定することができると規定されている。代表的なものとして、自治基本条例、環境基本条例、まちづくり条例などがあり、地方

公共団体が、地域特性に応じたまちづくりの理念、手続、基準等を独自に規定している。

（2）委任条例

　委任条例とは、都市計画法、建築基準法、景観法など個別法の明示的委任規定に基づく条例を言う。代表的なものに、都市計画法に基づく「地区計画の案の作成手続に関する条例」、建築基準法に基づく「日影規制条例」「建築協定条例」などがある。

（3）複合条例

　1つの条例のなかに、自主条例と委任条例の双方の性格を併せ持つものである。多くのまちづくり条例や景観条例では、都市計画法や景観法の委任規定を活用して、地域固有のまちづくりを進める規定（委任条例）と、地方自治法の自治立法権を根拠にまちづくりの手続きや基準に関する独自の規定（自主条例）を併せ持っている。「鎌倉市まちづくり条例」「練馬区まちづくり条例」「世田谷区街づくり条例」など、住民参加の規定や意欲的な内容を持つ条例にはこうした複合条例が多い。

②対象範囲からの分類

　まちづくり条例は、対象範囲、テーマ等から、表1のとおり分類できる。

③内容からの分類

（1）　理念条例

　まちづくりの理念や基本となる施策など、まちづくりに関する基本的事項を定めたものである。「箕面市まちづくり理念条例」（1997年）、「兵庫県まちづくり基本条例」（1998年）などがある。

表1　まちづくり条例の対象範囲による分類

土地利用調整系	開発事業や建築行為に関する手続や基準など土地利用の調整に関するもの
環境系	良好な自然環境や都市環境の保全と創出、緑の維持保全と創出など、環境に関するもの
景観系	良好な都市景観の形成、景観まちづくりの推進など、景観をテーマにしたもの
地区まちづくり系	地区レベルのまちづくりの進め方や支援の方法、あるいは地区レベルのまちづくりの手続や基準などを定めたもの
市民参加系	市民参加のまちづくりを進めるための手順、手続、助成や支援などを定めたもの
総合系	上記の内容を複数含む総合的なまちづくり条例

（2）手続条例

　良好なまちづくりを進めるための手順や手続を定めたものである。その内容は、次の3つに大別される。1つ目は、市民参加のまちづくりを進めるための手順や手続を定めたもの、2つ目は、都市計画の決定又は変更に関する手順や手続を定めたもの、3つ目は、開発事業に関する手順や手続を定めたものである。「神奈川県土地利用調整条例」（1998年）、「京都市土地利用の調整に係るまちづくりに関する条例」（2000年）などがある。

（3）基準条例

　地域特性に応じた良好なまちづくりを進めるため、まちづくりに関する基準を定めたもので、その内容は、次の3つに大別される。1つ目は、土地利用や開発事業に関する独自の基準を定めたもの、2つ目は、都市計画法の委任に基づき開発基準を条例化したもの、3つ目は、斜面地建築物など紛争が懸念される建築物等の立地基準、計画基準、構造基準等を独自に定めたものである。「川崎市都市計画法に基づく開発許可の基準に関する条例」（2003年）などがある。

（4）総合条例

　まちづくりに関する理念、手続、基準あるいは市民参加のまちづくりの仕組みや支援方策などを総合的に定めた条例を言う。これには、先進的なまちづくり条例と言われる「掛川市生涯学習まちづくり土地条例」（1992年）、「国分寺市まちづくり条例」（2006年）などがある。

④拘束力からの分類

　まちづくり条例には、条例制定に伴って、新たに権利を制限し、あるいは義務を負う「義務付け条例」と、制定された条例を活用するかどうかを市民や事業者に委ねる「任意条例」の2つがある。

⑤提案者からの分類

　まちづくり条例は、その提案者から、次の3つに分類される。

　1つ目は、行政の発議に基づき、地方公共団体の首長が提案する「行政提案」である。2つ目は、「議員立法」「議員提案条例」と呼ばれるもので、地方自治法第112条の規定

に基づき、議員定数の 1/12 以上の議員が連署で条例提案を行うものである。3 つ目は、「市民立法」と呼ばれるもので、地方自治法第 74 条の規定に基づき、有権者の 1/50 以上の署名により、条例制定を地方公共団体の長に直接請求するものである。

　条例を提案者から分類すると、行政提案に基づく条例が大半であるが、議員立法条例としては、国分寺崖線から湧き出る地下水を保全するための「小金井市地下水保全条例」(2004 年)、「川口市マンション管理適正化条例」(2021 年) などがある。

　また、市民の直接請求による市民立法としては、合併の有無や庁舎移転など重要な地域政策の是非を問う「住民投票条例」が代表的である (表 2)。

4　自主的な行動を促すルール

4-1　まちづくり憲章

　まちづくり憲章とは、地域におけるまちづくりの理念やまちづくりの方針を明らかにし、住民一人ひとりがまちづくりに主体的に関わっていくための「行動規範・行動目標」を文章化したものである。それゆえ、まちづくり憲章は、個々の開発事業に対する強制力はないが、地域住民や事業者等に自発的、創造的な遵守を求めることにより、大きな影響を与えることができる (図 5)。

表 2　まちづくり条例での取組み例

湯布院町潤いあるまちづくり条例 (1990 年)	リゾート開発を抑制し、自然を生かした保養型温泉地の環境を守る。
掛川市生涯学習まちづくり土地条例 (1991 年)	土地に関する学習を推進し、住民、地権者、市で開発・保全の両面の土地利用計画を推進。
真鶴町まちづくり条例 (1993 年)	美という主観的なものと条例という客観的・権力的なものを結びつけて地域環境の保全と創造を図る。
府中市地域まちづくり条例 (2003 年)	土地取引に先立つ届出及び土地利用構想段階における土地利用調整制度により地域共生型土地利用を誘導。
国分寺市まちづくり条例　(2004 年)	市民主体のまちづくり、国分寺崖線の保全、分権都市計画の推進等を規定した総合性高い条例。
八潮市景観まちづくり条例 (2011 年)	地域特性基準適合制度や景観まちづくりの推進等により土地利用調整と景観まちづくりを一体的に推進。

4-2　住民協定

　「住民協定」は、自治会、町内会などのコミュニティの単位でまちづくりに関する約束事を自主的に取り決めたものである。住民協定の区域内で開発や建築等を行う場合、協定内容を十分尊重するとともに、自治会等に対し、届出や協議を行うよう求めている協定もある。住民協定に法律的な強制力はないが、より良いまちづくりを行うための地域住民の「申し合わせ事項」と位置付けられる。例えば、鎌倉市には、まちづくり条例に基づく「自主まちづくり計画」という住民協定が 15 地区にあり、住民の自主的なまちづくりルールを行政が支援している。

5　なぜ「参加のまちづくり」が必要か

5-1　「統治のまちづくり」から「共治のまちづくり」へ

　良好なまちづくり、持続可能なまちづくりを進めるためには、行政が法律等に基づき、地域を運営管理する「統治のまちづくり」ではなく、行政、地域住民や地域で働く人た

田園調布憲章
　私たちの街田園調布は、大正時代後半に渋沢栄一翁の提唱で、当時ようやく欧米に現れ始めた“住宅と庭園の街作り”田園都市構想を取り入れ、多摩川の東側にあたるなだらかな丘陵地帯に、新しく建設されたものです。以来、私たちの先輩は、この建設の精神と理想に則り、自主的に、平和で公園的な街作りに励んできました。今では駅前のいちょう並木や各所に見られる桜は立派に成長し、家々の樹木や生け垣も四季を通じて私たちの目を楽しませ、暖かく迎えてくれる田園都市に成長しました。
　私たちは、今日まで築かれてきたわが街の優れた伝統と文化を受け継ぎ、これからの情勢の変化にも賢明に対処しながら、常に緑と太陽に満ち、平和と安らぎに包まれ、文化の香り漂うよりよい街作りを目指したいと念願し、ここに住民の総意に基づく憲章を定めるものです。

　1　この由緒ある田園調布を、わが街として愛し、大切にしましょう。
　2　創設者渋沢翁の掲げた街作りの精神と理想を知り、自治協同の伝統を受け継ぎましょう。
　3　私たちの家や庭園、垣根、塀などが、この公園的な街を構成していることを考え、新築や改造に際しては、これにふさわしいものとし、常に緑化、美化に努めましょう。
　4　この街の公園や並木、道路等公共のものを大切にし、清潔にしましょう。
　5　互いに協力して環境の保全に努め、平和と静けさのある地域社会を維持しましょう。
　6　不慮の災害に備え、常日ごろから助け合いましょう。
　7　隣人や街の人々との交わりを大切にし、田園都市にふさわしい内容豊かな文化活動を行いましょう。
（昭和 57 年 5 月 19 日制定）

図5　田園調布憲章

ちが参加し、連携・協力・分担しあって進める「共治のまちづくり」に移行することが望ましい（図6）。参加のまちづくりは、共治のまちづくりを進める基盤であり、まちづくりファシリテーターは、この共治のまちづくりを進める専門家と言える。

5-2　参加のまちづくりの3つの意義

　なぜ、まちづくりに住民参加が必要か。それは、まちを使い、まちを育てるのが住民だからである。まちづくりのルールは、住民が暮らすまちを守り、つくり、育てるルールを定めるため、その主体者である住民がルールづくりに参加するのは当然である。その意義は、次の3つと捉えることができる。

①地域固有の「公共の福祉」の構築

　1つ目は、住民参加によるまちづくりが、地域固有の「公共の福祉」を構築する有力な手立てとなり得るからである。全国一律の法律基準はだけでは、地域の特性や地域住民の意思が反映されないため、良質で魅力的なまちづくりを行えないことが多々ある。そこで、その地域ならでは、まちづくりの進め方や基準を定めるには、住民参加は不可欠である。市民や地域を基軸にして、まちづくりのルールを定めることは、市民が、行政に対して優位性を持つ有力な手段である。

②「行政的公共性」に「市民的公共性」を付与する

　2つ目は、まちづくりに住民が参加することにより、行政の価値観に、市民目線、生活目線、地域環境目線という住民の価値観を加えること、つまり、「行政的公共性」に

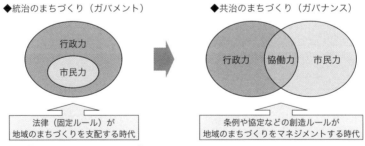

図6　「統治のまちづくり」から「共治のまちづくり」へ

「市民的公共性」を付与できることにある。

「行政的公共性」とは、公共性の拠り所を「行政の価値観」に求め、これを起点に政策を立案実行することにある。行政的公共性は、「統治の公共性」と呼ぶこともでき、地域政策を総合的、大局的なあるいは鳥瞰的な観点から取り組むものである。これに対し、「市民的公共性」とは、公共性の拠り所を「地域環境」に求め、市民目線、暮らし目線で、市民の生活環境を改善する観点からまちづくりを考えることにある。「共治の公共性」と呼ぶこともでき、地域に根ざした活動、丁寧な熟議に基づく合意形成の積み重ねから、公共的価値を生み出すものである。図6に両者の比較を記したが、行政的公共性が政策の合理性や効率性に重きを置くのに対し、市民的公共性は、市民の主体的参加による地域資産の保全・コミュニティの形成など地域の固有価値の尊重に重きを置くことが特徴である。行政的公共性と市民的公共性は、対立するものではなく、両者の価値観を巧みに融合したまちづくりを行うことが、地域の価値をいっそう高めることになる。

③紛争の「予防」と「調整」を図る

3つ目は、住民参加により、紛争の予防と調整を図ることである。開発事業などの場合、早期かつ計画変更可能な段階での住民参加は、利害が顕在化して紛争になった場合

◆公共事業の場合	紛争予防			紛争発生（利害の顕在化）
解決方法	パブリック・インボルブメント（PI）	コンセンサスビルディング（CB）	裁判外紛争処理（ADR）	司法解決
手法	○パブリック・インボルブメント（PI）	○ファシリテーション○メディエーション	仲 裁	裁 判
第三者の介在	無・有	有（ファシリテーター）（メディエーター）	有（アービトレーター）	有（裁判官）
◆民間事業の場合	WIN-WIN			WIN-LOSE

まちづくり条例による規定化 ➡ ① 土地取引段階、土地利用構想段階における事前協議や調整
② 土地利用計画段階の公開、説明、住民協議と行政の助言指導
③ 地域の環境水準に応じた土地利用基準の規定化など

図7 社会資本整備における紛争回避の手法

に比べ、専門家の能動的関与等により、紛争を予防して建設的な事業調整を行うことが可能となる（図7）。

　このように「参加のまちづくり」とは、まちづくりの専門家のサポートの下、市民と行政による協働の地域経営の実践と捉えることもできる。図8に総括図を記載する。

6　まちづくりのルールと合意形成

6-1　「合意形成」とその行動目標

　既述の参加のまちづくりを、実のあるものにする取り組みが合意形成である。

　まちづくりにおける「合意形成」とは、多様な利害関係者（ステークホルダー）相互の意見や考え方の一致を図るプロセスを言う。合意形成は、表面的な賛否を調整して裁定するものではなく、多様な利害関係者による主体的な意見交換や共同検討（ワークショップなど）を介して、関係者の根底にある多様な価値観や利害を顕在化させ、意思決定における相互の価値観の融合や一致を図る行動プランニングである。

　そして、合意形成への行動目標（アジェンダ）は、次の3つを明確にすることである。

　1つは、「何を決めるか」という決定事項の明確化、2つは、「いつまでに決めるか」という決定時期の明確化、3つは、「関係者は誰か」というステークホルダー（利害関係者）の明確化である。

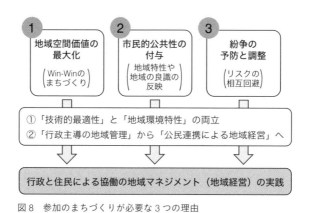

図8　参加のまちづくりが必要な3つの理由

6-2　合意形成の特性

① 「地域的合意形成」と「社会的合意形成」

　合意形成には、ステークホルダー（利害関係者）の多少や特定有無等から、「地域的合意形成」と「社会的合意形成」に大別される。

　「地域的合意形成」とは、ステークホルダー（利害関係者）がある程度特定できるテーマについて、顔が見える関係のなかで合意形成を行うことを言う。具体的には、自治会・町内会などコミュニティレベルのまちづくりや地区計画によるまちづくりなど、地域レベルのまちづくりにおける合意形成である。

　一方、「社会的合意形成」とは、ステークホルダー（利害関係者）が広範かつ不特定に多数存在し、必ずしも顔が見える関係では合意形成が行えないものを言う。具体的には、広域の都市計画道路の整備など、事業期間が長期に及ぶなか、計画の合意→事業の合意→権利の合意などと段階的に社会的な合意を積み重ねていく。この社会的合意形成は、必ずしも全員が賛成という状況でない場合も多く、不特定多数の利害関係者に「納得するプロセス」を示すことが重要であり、「決定内容の適切さ」とともに「決定手続の公正さ」が求められる。

②事業の広域性の有無と合意形成

　まちづくりの内容が、「広域性を有するもの」と「地域完結型のもの」では、合意形成の進め方が異なることに留意したい。

　例えば、統廃合に伴う学校跡地のまちづくりを考える場合、行政は、都市経営を含む総合的な観点から跡地の売却等を含めて有効活用を考えるが、学校跡地周辺の住民は、跡地を公園、スポーツ施設、子育て支援施設にしてほしいなど、地域環境や日常生活の改善という観点から跡地利用を考え、行政に地域の要望を伝える。このように、広域的観点と地域的観点の双方から検討を要するテーマは、全市レベルの利害と地域レベルの利害が衝突する可能性があるため、こうした特徴を見極め、適切なプロセスでまちづくりの合意形成を図る必要がある。

　一方、住宅地内にある街区公園の老朽化に伴い、公園の再整備を図るような地域完結

型のまちづくりの場合、地元自治会、公園利用者、公園隣接住民などステークホルダーがある程度特定され、地域レベルの合意形成を図ることにより事業の実施が可能になる。

③公共事業・民間事業と合意形成

　次に、まちづくりの内容が公共事業か民間事業かにより、合意形成の進め方や特徴も異なる。

　具体的には、道路、公園、河川等の公共施設を対象にして、公共事業としてまちづくりを行うもの、マンション開発や住宅地開発など民間事業者が行うまちづくりに対して協議や要望を行うもの、あるいは、市街地再開発事業や土地区画整理事業のように、公共施設と私有施設を同時に整備するものなど、事業の特性に応じて、合意形成の進め方や手続が異なることに留意する必要がある。

④参加者と決定権者との関係から捉えた合意形成

　まちづくりにおける合意形成を考える場合、「まちづくりの参加者＝決定権者」と「まちづくりの参加者≠決定権者」の２つがある。前者は、分譲マンションの管理組合の活動や建築協定住宅地のまちづくりルールなど、まちづくりの参加者が決定権者になる。一方、後者は、行政が事業主体になって公共施設を整備する場合、決定権限を有する行政が、施設周辺の住民などからの意見や要望を踏まえて、事業内容の確保と良好な地域環境が両立する計画へと発展させる取組みが望まれる。

　そして、これらに共通することは、参加のまちづくりを行う場合、参加→検討→合意形成→決定という全体プロセスを透明化して、参加の時点での立ち位置や決定方法などを予めルール化するなど、参加によるまちづくりの成果が、意思決定に反映される工夫を共有化することである。

6-3　合意形成への創意工夫

①賛否の裏に潜む理由を把握する

　合意形成にあたっては、表面的な賛成反対ではなく、賛否の裏に潜む利害や理由を顕在化させ、その内容から、歩み寄れる項目や内容を明らかにすることが求められる。

②公正かつ透明なプロセスを保障する

合意形成にあたっては、正確な情報の公開と提供、合意形成から決定に至る手順や手続の明示など、公正公平で透明なプロセスを保障して、合意形成への信頼性を常時確保することが大切である。

③対立点と共通点の可視化を図る

合意形成にあたっては、対立事項や相違事項について優先的に合意形成を図るのではなく、対立点と共通点を可視化して、まずは共有できる事項について合意形成を図ること、そして、対立事項のなかでも、共有できる考え方や事柄を顕在化させ、合意形成への糸口を見出す取組みが求められる。

④専門家を活用する

合意形成にあたっては、専門性を活かしながら一案にまとめるコーディネーター、専門性も駆使して中立的な観点から調整役を担うファシリテーター等の専門家を上手に活用することも有効である。また、合意形成の内容や特性に応じて、専門家の立ち位置や権限をあらかじめ明確にしておくことも必要で、建築やまちづくりに関する専門性をもつファシリテーターの役割は大きいものがある。

⑤熟議により第三案を見出す

合意形成にあたっては、持論を主張するのではなく、各々の主張や案の特性を学びつつ、熟議（建設的な話し合いにより、検討内容を発展させ、多くのステークホルダーの理解が得られる新しい案を作成する取組みなど）により、合意形成可能な第三案を見出す努力を行うなど、状況に応じた柔軟な対応が必要である。

1-6

建築系の未来に かかわるSDGsと 持続可能な エネルギーの新知識

北村稔和

1 建築系の未来になぜ環境やエネルギーの視点が大切なのか？

　近年、地球温暖化問題[*1]から環境・エネルギーに対する関心が高まってきている。地球温暖化は、海面上昇や気候変動、それによる洪水や熱波、森林火災などの災害、海水の酸性化による海洋生物への悪影響や干ばつ等による農作物への被害など様々な問題を引き起こす。この対策として、まずは温暖化の原因である二酸化炭素排出量を減らさなければならず、そのためには使用エネルギー量を減らす必要がある。

　エネルギー使用量の削減において建築分野が担う部分は非常に大きい。建築後に使用するエネルギーはもちろん、建築や解体時にも非常に多くのエネルギー量が必要となる。すなわち、建築物の省エネルギー化はトータルで考える必要があり、建築から利用、解体に至るまでの長い期間に対して、広い視野で環境・エネルギーについて考えを深める事が大切である。建物の断熱性や気密性に加え、建材のリサイクル性、設備等の省エネ機器、太陽光発電等の創エネ機器、雨水利用など、省エネルギーにつながる様々な性能を理解する必要がある。本稿では、近年大きな拡がりを見せるSDGsと建築の省エネルギー化からまちづくりまでを連続的に解説する。

---

*1　大気中に増加した温室効果ガス（二酸化炭素（CO_2）、メタン、フロン等）が熱の放出を遮ることで起きる地球の気温上昇のこと。18世紀の産業革命以降、化石燃料でエネルギーを得る様になった結果、二酸化炭素の排出量が急激に増加した。

2 SDGs

SDGs（Sustainable Development Goals）*² は「持続可能な開発目標」の意味で、2030年までに持続可能でより良い世界を目指す国際目標である。17 のゴール、169 のターゲットから構成され、地球上の「誰 1 人取り残さない（leave no one behind）」ことを誓っている。国際社会の普遍的な目標として全世界で取り組むべきものであり、日本でも数多くの企業や自治体が取り組んでいる。

建築やまちづくりにおいては「11　住み続けられるまちづくりを」が主要目標だが、実際は他のすべての項目にも密接に関係する。図 1 の「11　住み続けられるまちづくりを」のターゲットを見れば明らかである。特に「7　エネルギーをみんなにそしてクリーンに」「13　気候変動に具体的に対策を」との関係性が強く、建築・まちづくりと環境・

11.1	2030 年までに、すべての人々の、適切、安全かつ安価な住宅及び基本的サービスへのアクセスを確保し、スラムを改善する。
11.2	2030 年までに、脆弱な立場にある人々、女性、子ども、障害者及び高齢者のニーズに特に配慮し、公共交通機関の拡大などを通じた交通の安全性改善により、すべての人々に、安全かつ安価で容易に利用できる、持続可能な輸送システムへのアクセスを提供する。
11.3	2030 年までに、包摂的かつ持続可能な都市化を促進し、すべての国々の参加型、包摂的かつ持続可能な人間居住計画・管理の能力を強化する。
11.4	世界の文化遺産及び自然遺産の保護・保全の努力を強化する。
11.5	2030 年までに、貧困層及び脆弱な立場にある人々の保護に焦点をあてながら、水関連災害などの災害による死者や被災者数を大幅に削減し、世界の国内総生産比で直接的経済損失を大幅に減らす。
11.6	2030 年までに、大気の質及び一般並びにその他の廃棄物の管理に特別な注意を払うことによるものを含め、都市の一人当たりの環境上の悪影響を軽減する。
11.7	2030 年までに、女性、子ども、高齢者及び障害者を含め、人々に安全で包摂的かつ利用が容易な緑地や公共スペースへの普遍的アクセスを提供する。
11.a	各国・地域規模の開発計画の強化を通じて、経済、社会、環境面における都市部、都市周辺部及び農村部間の良好なつながりを支援する。
11.b	2020 年までに、包含、資源効率、気候変動の緩和と適応、災害に対する強靭さ（レジリエンス）を目指す総合的政策及び計画を導入・実施した都市及び人間居住地の件数を大幅に増加させ、仙台防災枠組 2015-2030 に沿って、あらゆるレベルでの総合的な災害リスク管理の策定と実施を行う。
11.c	財政的及び技術的な支援などを通じて、後発開発途上国における現地の資材を用いた、持続可能かつ強靭（レジリエント）な建造物の整備を支援する。

図 1　「住み続けられるまちづくりを」のターゲット（出典：外務省『持続可能な開発のための 2030 アジェンダ』（仮訳））

*2　2015 年 9 月の国連サミットで採択された「我々の世界を変革する：持続可能な開発のための 2030 アジェンダ」にて記載された。

エネルギーが密接に関わっていることがわかる。

3　SDGs 以外の国際的な取り決めや世界的情勢

①パリ協定

　国際的な地球温暖化対策の枠組みとして現在用いられているのが「パリ協定」[*3]である。世界の平均気温上昇を産業革命以前に比べて2℃より十分低く保ち、1.5℃に抑える努力をする事、温室効果ガスの削減・抑制目標を定める事等が求められている。パリ協定は、途上国を含むすべての参加国に、温室効果ガスの排出削減の努力を求める枠組みで、各国の状況を織り込み削減・抑制目標を自主的に策定することが認められている[*4]ことから、歴史的にも非常に重要かつ画期的であると言われている。しかし、経済成長とのバランスをとるため各国の思惑にズレがあり、なかなか足並みが揃わないのが実情だ。そのギャップを埋めていく事が今後の大きな課題である（図2）。

〈パリ協定〉

目標	● 平均気温上昇を産業革命以前に比べ「2℃より十分低く保つ」＋「1.5℃に抑える努力を追求」 ● このため、「早期に温室効果ガス排出量をピークアウト」＋「今世紀後半のカーボンニュートラルの実現」
加盟国の義務	● 中期目標 の提出 ※義務 2030年の排出削減目標（NDC）を国連に提出する必要。ほとんどの加盟国はパリ協定締結時に約束草案（INDC）を既に提出済み。 ● 長期戦略 の提出 ※努力義務 長期的な温室効果ガス低排出型の発展のための戦略を提出する必要。 等

〈主要排出国の約束草案〉

国名	1990年比	2005年比	2013年比
日本	▲18.0% （2030年）	▲25.4% （2030年）	▲26.0% （2030年）
米国	▲14〜16% （2025年）	▲26〜28% （2025年）	▲18〜21% （2025年）
EU	▲40% （2030年）	▲35% （2030年）	▲24% （2030年）
中国	2030年までに、2005年比でGDP当たりの二酸化炭素排出を−60〜−65%（2005年比）2030年頃に、二酸化炭素排出のピークを達成ほか		
韓国	＋81% （2030年）	▲4% （2030年）	▲22% （2030年）

◆米国は 2005 年比、EU は 1990 年比の数字を削減目標として提出（着色）
◆韓国は「2030 年（対策無しケース）比 37％削減」を削減目標として提出
◆日本の目標は年度ベース（2030 年度に 2013 年度比 26.0% 削減）

図2　パリ協定の概要と主要国の削減目標
(出典：経済産業省『環境イノベーションに向けたファイナンスの在り方研究会（第 1 回）』)

＊3　温室効果ガス削減に関する国際的取り決めを話し合うため 2015 年にパリで開かれた「国連気候変動枠組条約締約国会議（COP21）」で合意された。
＊4　日本は 2021 年に 2030 年までの二酸化炭素排出削減目標を 26％から 46％に引き上げた。
＊5　太陽光や風力、地熱等、自然現象を利用して繰り返し使えるエネルギー。逆に炭や石油のような化石燃料、ウラン等、量に限りがあるものを枯渇性エネルギーと呼ぶ。太陽光発電は比較的導入が容易で普及が進んでいる。

② RE100

RE100 とは事業活動で消費するエネルギーを 100％再生可能エネルギー[*5]で調達することを目標とする企業が加盟する国際的なイニシアチブを指す。加盟企業は遅くとも 2050 年までに再生可能エネルギー 100％を達成する目標を設定している。2021 年現在、世界で 300 社以上、日本でも 50 社以上が加盟している。しかし、加盟条件を満たせるのが大企業に限られるため、日本では中小企業や自治体による「再エネ RE Action」[*6]等の活動も推進されている。

③ ESG 経営

ESG 経営とは、Environmental（環境）、Social（社会）、Governance（企業統治）の頭文字を取ったもので、この 3 点を長期的な視野に入れた経営の事を言う。投資の判断基準になることも増えており[*7]、近年 ESG 関連企業への投資額が急速な伸びを見せる等、企業の資金調達面にも大きな影響を及ぼしている（図 3）。一方、逆の動きとして、石炭や石油など化石燃料資産への投資から撤退する運用機関や年金基金が増加している。

このように温室効果ガスの排出削減や再生可能エネルギーの導入促進は世界的な潮流となっており、今後さらに推進される。特に建築・まちづくりとエネルギー問題とは切り離せないものであり、常日頃より考慮し続ける必要がある。

4　まちづくりとエネルギー

まちづくりとエネルギーの具体的な関係性を見ていこう。住宅に注目すると、照明、

E＝Environmental（環境）
CO₂ 削減や再生可能エネルギーの導入など、環境に配慮しているか

S＝Social（社会）
地域活動への参加、ワークライフバランスへの取り組みなど、社会に貢献しているか

G＝Governance（企業統治）
取締役会の構成、監査の構造など、不祥事を防ぐ体制を築いているか

図 3　ESG 経営

[*6]　JCLP（日本気候リーダーズ・パートナーシップ）が提唱する再エネ 100％の利用を促進する枠組み。2021 年時点で 142 団体が使用電力を 100％再生可能エネルギーに転換する宣言を行う。

[*7]　2020 年春に改定された機関投資家の行動指針（日本版スチュワードシップ・コード）にも明記されている。

給湯、冷暖房、キッチン等があり、電気やガス等のエネルギーにより稼働している。まちに目を向ければ、車や電車、トラック等の運輸用エネルギー、コンビニエンスストアやショッピングモール等の商業用エネルギー、工場や事業所等の産業用エネルギー等が使われている。我々が暮らしていく上でエネルギーの消費は避けられない。だからこそ、まちづくりにおいてエネルギー使用量や使い方、エネルギーのリサイクル等について、よく検討しなければならない。いくら利便性が高くても、際限なくエネルギーを使うまちに魅力はないのである。

4-1 「まち」の省エネルギー化

　まち全体の省エネルギーを実現する取組みの1つに「スマートタウン」がある。神奈川県藤沢市では、「コミュニティ」「モビリティ」「エネルギー」「セキュリティ」「ウェルネス」という5つのサービス項目を掲げ、「エコ＆スマートなくらし」を持続させていく「Fujisawa サスティナブル・スマート タウン」*8 を進めている（図4）。事例をいくつか挙げると、①住宅地内のサービス付高齢者向け住宅には保育所や学習塾が入っており、住人間、世代間の交流が活性化されている、②電気自動車、電動アシスト自転車などのシェアリングサービスを住人は利用可能、③各住宅のスマートテレビには情報端末が設置されており、災害情報やまち独自のアラートが配信可能になっている等、省エネルギーと利便性の両立を実現している。

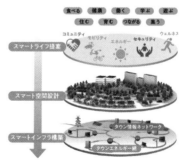

Fujisawa モデル

ゾーニングやインフラ設計に偏重せず、
「くらし起点」の街を3層で設計。
自然の恵みを取り入れた「エコ＆スマートなくらし」を
5つのサービスと9つのテーマで持続させていく
サスティナブル・スマートタウンを実現しました。

図4　Fujisawa モデル（出典：Fujisawa サスティナブル・スマート タウン HP（https://fujisawasst.com/JP/project/））

＊8　「サスティナブル・スマートタウン」はパナソニックが関連各社と協働で進めるスマートシティ事業。完成済の横浜市綱島に続き大阪府吹田市でも計画されている。
＊9　企業や事務所、交通機関、家庭など需要家レベルで消費されるエネルギーの総量。

4-2 「いえ」の省エネルギー化

　日本の最終エネルギー消費量*⁹のうち 14％は家庭部門である。つまり、まち全体の省エネを実現するには各家庭における取組みが非常に重要だということだ。現在推進されている省エネルギー住宅施策に ZEH（ゼッチ）がある。ZEH とは「Net Zero Energy House（ネット・ゼロ・エネルギー・ハウス）」の略称で、年間のエネルギー収支がプラスマイナスゼロ以下の住宅の事を言う*¹⁰。2020 年までにハウスメーカー等が新築する注文戸建住宅の半数以上を ZEH にすること、2030 年までに新築住宅・建築物について平均で ZEH・ZEB *¹¹ 相当となることが目指されている。だが、2019 年度の新築戸建住宅約 28 万戸における ZEH 供給戸数は 5.7 万戸で約 20.5％と、2020 年までの半数以上という目標には大きく届いておらず、目標達成にはさらなる努力が必要である。今後も省エネルギー住宅施策の中核として普及が進む事が期待されている。

　また、より要求基準が高く、建設段階から運用、解体、廃棄までの住宅の一生の間のエネルギー収支をマイナスにする「LCCM（Life Cycle Carbon Minus）住宅」、ZEH や LCCM 住宅とは基準が異なる「フェーズフリー住宅」という考え方もある。フェーズフリー住宅はエネルギーに加えて災害対策も組み込んだ住宅のことで、平時と災害時のどちらのフェーズでも安心して心地良く暮らせるということで、近年特に注目されている（図5）。

図5　低炭素に向けた住宅イメージ
（出典：パナソニック HP（https://www2.panasonic.biz/ls/solution/theme/energymanagement/zeh/））

＊10　経済産業省では「外皮の断熱性能等を大幅に向上させるとともに、高効率な設備システムの導入により、室内環境の質を維持しつつ大幅な省エネルギーを実現した上で、再生可能エネルギー等を導入することにより、年間の一次エネルギー消費量の収支がゼロとすることを目指した住宅」と定義されている。
＊11　トータルの一次エネルギーの削減率等により、等級が細かく規定されている。非住宅建物向けの ZEB（ネット・ゼロ・エネルギー・ビルディング）、集合住宅向けの ZEH-M（ゼッチ・マンション）もある。

ここまで省エネルギー住宅を説明してきたが、重要なのは省エネルギー住宅（ハードウェア）をつくる事だけではなく、そこでの暮らし方（ソフトウェア）を提案することだ。省エネルギー住宅は一般的な住宅と比べ、初期導入費用が大きくなる傾向にあるため、発注者・購入者の理解を得にくい側面がある。金銭面のみにフォーカスされることのないよう、省エネルギー住宅を活用した安心、快適な暮らしの具体的なイメージを発注者や購入者に持ってもらい、その価値を認めてもらえる事が大切である。

5　身近にある省エネ技術

①太陽光発電、電気自動車、蓄電池

　太陽光発電は最も導入が容易な省エネ（創エネ）技術と言える。近年では FIT 法[12] による固定価格買取価格よりも家庭で使用する電力購入単価のほうが高いため、自家消費型太陽光発電とも呼ばれている。発電した電気の使い道がわかるアプリケーションや説明が重要である。また、発電電力の活用のため電気自動車や蓄電池の採用も急増している。初期投資 0 円で設置可能なプランも数多く生まれてきており、コストをかけずに省エネルギー化を実現しやすくなっている[13]。

②省エネ家電「HEMS」

　近年、省エネルギー能力が非常に高い家電が登場し、売り場等でも使用電力量等の仕様が明示されるようになっている。ただし、使い方を誤れば無駄なエネルギー使用になりかねない。省エネ家電の導入に合わせて HEMS[14] を導入することで、使用電気量の見える化や一元管理が可能となり、より快適で効率の良い暮らしを実現できる。

③高効率給湯器、夜間電力利用

　家庭におけるエネルギー使用の大部分は給湯分野が占めており、積極的な見直しが必要である。ガスを使用して発電するエコウィル・エネファームや高効率給湯器、電気を使用するエコキュート等がその代表である。これらの導入において太陽光発電の発電電力や夜間電力を利用することでコストダウンも見込めるため、IH クッキングヒーター等の同時導入によるオール電化の提案等も視野に入れるべきである。また、各機器は導入

＊12　「電気事業者による再生可能エネルギー電気の調達に関する特別措置法」が 2012 年 7 月に施行され、再生可能エネルギーで発電した電気を、電力会社が一定価格で一定期間買い取ることが決められている。

＊13　戸建て住宅の屋根が乗せる太陽光パネルの平均は 4 kW 程度、コストは 100 〜 120 万円で、初期費用が回収されるのに 10 〜 11 年かかるのが一般的である（NPO 法人日本住宅性能検査協会 2021 年度太陽光発電実態調査より）。

方法や使用方法により効率が大きく変わるため、発注者や購入者の立場に立った提案が大事である。

6　おわりに

　住宅に省エネ機器が導入されると、利用者の省エネに対する理解を深めることができる。例えば、太陽光発電の発電量や活用状況は HEMS で数値化されるため、増減や効率がわかりやすく、周囲の環境やエネルギーの流通などにも関心が広がりやすい。

　建築・まちづくりにおける省エネ技術や機器導入は、利用者である発注者の環境への意識の在りように大きく左右される。このなかで建築系専門家の役割は様々な情報を提供すると共に、メリット、デメリットを的確でわかりやすくアドバイスするなど、一緒に考え、サポートする体制をつくることである。

＊ 14　ホーム・エネルギー・マネジメント・システムの略。家電やエネルギー関連設備とつなぎ、電気やガスなどの使用量の「見える化」、家電機器の「自動制御」等が可能。

■ 大田区
下町文化に習う安全で賑やかなまちづくり

山田俊之

　東京都大田区は、23区内で面積が最大で、東京国際空港のある羽田周辺の臨海部、蒲田・池上等の平地部、田園調布等の台地部で構成される。商店街・町工場・銭湯が多く、特に約4,000社ある町工場の半分を占める従業員数が3人以下の中小企業で築かれた、自社工場でできない工程を近くの工場にまわすことで製品を納品する「仲間まわし」と呼ばれるネットワークは近年話題となった[1]。

木密地域を災害から守る／特区民泊とアフターコロナ

　大田区には震災時に大規模な延焼などの被害が想定される木造住宅密集地域が数多く残っており、助成制度を利用した不燃化まちづくりが推進されている。なかでも消防活動や避難に有効な道路・公園の不足など課題が多い羽田地区では、2019年から都市再生機構（UR）による防災まちづくりのための用地取得事業が開始された。

　また「大田区ハザードマップ」によると、多摩川全流域で48時間豪雨が続くと区内のほぼ全域が浸水すると予想されている。実際、2019年の台風19号では多摩川支流の丸子川や用水路が氾濫して田園調布地域で大規模な浸水被害があった。区では平常時から住民の災害に対する意識を高めるために避難所運営の訓練を行っている。

　さらに近年の訪日外国人の増加を受け、大田区は特区民泊として2016年から事業を

日本工学院専門学校の学生による大田区への水害対策拠点の提案

開始している。2021年5月現在、新型コロナウィルスの影響で訪日外国人は減少している。今こそ、地域を見直し魅力を高めるチャンスだろう。町工場と同じく、まちづくり現場でも住民同士のネットワークが重要だ。ハードの知識を備えた建築の専門家や学生が課題に対して適度な距離を持ち、つながりを促す役割にたてると良いと考えている。

---

[1]　大田区の小さな町工場が中心となり世界トップレベルの日本製のソリをつくり、産業のまち大田区のモノづくりの力を世界へ発信する「下町ボブスレープロジェクト」は、2011年からチャレンジを続け、TVドラマ化されるなど話題を集めた。

■ 福岡市
空き家を活用して商店街を活性化する

今泉清太

福岡市は京都に次いで寺社の数が多い。特に博多駅周辺に多くの木造の寺社が見られ、伝統と都会が融合する住みよいまちである。全国的に見ても福岡市は人口増加傾向であるが、近年の少子高齢化と、バブル期の急激な都市化と住宅等の過剰供給の弊害として、空き家の増加とその取り扱いが課題となっている。

実態調査で見えてきた空き家の可能性

福岡市内の空き家の総数は約 94,000 戸、うち博多区の空き家数は 16,260 戸で全体の 17.26% を占めており、数の多さでは市内 7 区で 2 位だ[1]。

JR 博多駅から南へ約 1 km に位置する美野島商店街は昔から栄えてきた商店街だが、建物の使用状況を調べたところ、22 年前は 115 件あった店舗が現在は 60 件と激減していた[2]。主な原因は、大手スーパーやコンビニエンスストアの進出による競争激化、所有住人の死亡や引っ越し、住宅の相続の有無、それに伴う放置等である。空き家が放置されると、老朽化による倒壊の危険性が高まり、犯罪の温床化、建物火災の発生率が高くなるほか、景観が損なわれ、都市の資産価値が下がってしまう。九州の玄関口に近いという好立地を生かし、何とかできないか考え、まず多くの人に商店街を知ってもらうため、商店街の空き家活用事例をマッピングしたリーフレットを使ってガイドツアーを計画している。現場を訪れることで、ツアー参加者が具体的な興味を持ってくれて、さらに空き家の利用が促進されることに期待している。地域活性化のアピールにもなるので、誰もが知るまちになるよう、今後さらに活用事例集を充実させていきたい。

美野島商店街と活用事例リーフレット案

---

*1　福岡市「平成 30 年（2018 年）住宅・土地統計調査の集計結果」
　　https://www.city.fukuoka.lg.jp/soki/tokeichosa/shisei/toukei/kakusyu/jutaku-tochi/00002_2_2.html
*2　福岡県建築士会『博多区の空き家調査』（麻生建築＆デザイン専門学校協力）
　　http://www.f-shikai.org/_managed/wp-content/uploads/2020/07/messe8gatu-R1chiikikatudo-asou.pdf

■新潟市
地域の専門学校で伝統文化の担い手を育成する

仁多見 透

　新潟市中央区古町は江戸時代より日本海海運、信濃川水運により港や堀を介した物流によって栄えたまちである。自動車など他の交通手段が発達するとその堀も埋め立てられ、その後に起こった「新潟地震」の復興で古町商店街を中心市街地とした近代的な都市が形成された。ところが 1970 年代の新潟大学（医・歯学系を除く）移転と 1980 年代の新潟県庁・新潟市役所など行政施設の移転により衰退が始まった。多くの教育や行政関係者による賑わいはなくなり、2000 年代に入るとさらに活気が失われ、新潟の中心は新潟駅周辺に移っていった。

複数の専門学校がそれぞれ文化を継承する

　新潟県は専門学校進学率が日本一で、特に古町周辺に文化教養を中心とした専門学校が集まっている。これらの専門学校群では、学生が新潟の伝統的文化を現代風にアレンジできる文化人として成長し、この地域の発展に寄与することを目指した「新潟版まちづくり」が進められている。上古町商店街では 2008 年から毎年 8 月 24 日に、江戸時代に藩に代わって町人による自治を実現した涌井藤四郎と岩船屋佐次兵衛を顕彰する「明和義人祭」がひらかれているが、この実行委員会に周辺専門学校が積極的に参加しているのだ。多くの学生が祭りへの参加をきっかけに自分たちのまちや地域について知り、

明和義人祭「樽きぬた」

地域愛や誇りを育むきっかけになっているようだ。このような若い力によって新潟から全国に地域の魅力が発信され、彼らが巣立った後も、地域に何かしらのかかわりを持ってくれることを期待したい。

2 章

本音を引き出す
コミュニケーション・
ファシリテーション術

2-1

市民と協働するための「手助け」の態度（Attitude）

松村哲志

1　まちづくりに必要なコミュニケーション力とは何か？

　若者のこんな会話が耳に飛び込んできた。「M さんって、コミュニケーション力高いよね！　明るく、誰とでもすぐに話せて。あの明るさならどこでもすぐに活躍しそうだよね！」。確かに明るく場を和ませることは大切なことである。しかし、一片の疑問が頭に浮かんでくる。「雑談して談笑できることだけがコミュニケーション力なのだろうか？少し違うのではないだろうか……？」大学、専門学校が社会において必要とされるコミュニケーション力（社会人基礎力*1）の育成に取組み始めて 10 年以上が経ったが、実はこれがまちづくりの現場でファシリテーターに求められる能力に通じている。本稿では、その特徴と実践でどう活かされているかについて解説する。

　まちづくりファシリテーターに必要なコミュニケーション能力とは、大きく分けて「目的のあるコミュニケーション能力（目的や意図を持ったコミュニケーション力）」「T字型コミュニケーション能力（建築のスキルを持った上で他とつながることのできるコミュニケーション力）」の 2 つである(図 1)。

　社会人基礎力を紐解いていくとチームワーク力*2（Individual and Team work）にたど

---

*1　2006 年に「職場や地域社会で多様な人々と仕事をしていくために必要な力」として経済産業省が提唱した考え方。これを受けて大学など高等教育機関においてコミュニケーション力の育成が目標とされてきた。

*2　他分野の人を含む他者と協働するための能力。多様性があるチームで成果をあげることを目的とした対話能力と広い専門分野の人々との協働作業の能力を指す。ワシントン協定など教育に関する国際的な協定にも登場し注目を集めている。

り着く。これは、多様性のあるメンバーのなかで個人を活かし、役割を明確にしてチームで成果をあげる能力であり、その基本となるのが「目的のあるコミュニケーション能力」である。まちづくり活動自体を楽しむのは良いことだが、いつの間にか当初の目的から脱線してしまうことがある。「脱線」大いに結構。結果的に当初目標より良いものに変えられることができれば、むしろ好ましいことである。ファシリテーターにとって重要なのは、当初の目的を常に意識して軌道修正していくことである。

　まちづくりファシリテーターの場合は、この「目的のあるコミュニケーション能力」をベースにして、さらに幅広い専門家とつながり協働することができる「T字型コミュニケーション能力」も必要とされる。まちの様々な課題を解決するためには自分1人ではなく、様々な専門家と住民とを結びつけ協働することが重要である。「T字型コミュニケーション能力」は建築の専門性を主軸に幅広い実践のなかでまるで腕が伸びるように習得することができる。そして、これら2つの能力には基本となる態度（Attitude＊3）がある。まずはこれを身につけることを目指す。

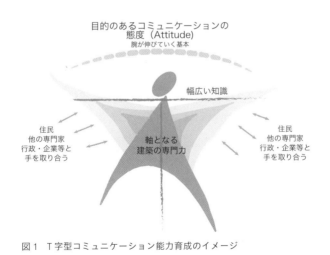

目的のあるコミュニケーションの
態度（Attitude）
腕が伸びていく基本

幅広い知識

住民
他の専門家
行政・企業等と
手を取り合う

軸となる
建築の専門力

住民
他の専門家
行政・企業等と
手を取り合う

図1　T字型コミュニケーション能力育成のイメージ

＊3　R. M. Gagne によれば個人の選択行動を支える内的な状態。

2　コミュニケーション能力の基本となる態度

　「目的を持ったコミュニケーション能力」の目的とは、すなわち「まちをどうしたいか?」というビジョンである。そのビジョンの特徴を理解した上で多様な人たちと対話し、議論し、それをまとめあげていくための心構えをまずは理解する必要がある。

①多様だから面白い、みんなでつくるから面白い!

　まず理解しなければいけないことは「まちには様々な人がいる」ということ。「まちはだから面白いのだ」というポジティブな立ち位置からスタートすることが重要である。ワークショップやディスカッションでは、まずはこのことを思い出して「みんなでつくることに意義がある」という心構えからスタートする。

②良い意味での「ゆるさ」を持ちましょう!

　結論を出すことも大切である。しかし、決めることだけを焦らず進めることが重要である。目的(ビジョン)を決めると言うと、1つの方向に絞り切るイメージがある。様々な意見のなかから正解に近いものを選びとり、さらに集約していくのが一般的な方法として認識している人も多いと思われる。しかし、まちづくりにおいて議論を進めていく場合は多様な人たちの想いを受けとり、共感を促すほうがうまくいく。良い意味での「ゆるさ」も必要になってくる。個人の想いをみんなが受けとり、緩やかに束ねていくようなイメージでのぞむことが大切である。

③プロセスが大事!

　想いを共有するために最も大切なものはプロセスである。その重要な第1歩が対話である。対話によって新たな気づきを得られることもあり、こうしたやりとりのなかで個人やチームの考えを深めていく。考えを共有した仲間との協働は非常にポジティブで、喜びすら感じられる。こうしたプロセスで進めるためには、自分の思いを押し付けない、決めつけない態度が重要である。最初から方向性を用意するのではなく、フラットな心持ちで臨む。

④否定せず！　意見を盛りだくさんに！

　みんなの意見を引き出してそこから共有のビジョンを導き出すことが目的であるので人の意見を否定せず、まずは足し算的に意見をてんこ盛りにすることから始めていこう。もし自分の意見が違ったときは、相手の意見をすべて聞いた上で一度受けとり、その上で別の意見として足していく。そうすることでポジティブな意見交換ができて、新たな化学反応が起こりやすい。

　ファシリテーターは声が大きい人の意見だけでなく、むしろファシリテーターは声にならない声を引き出すことに注力する。引き出すためには「単になぜ？」とだけ聞いていくだけでなく、見方を変えて「いつ？」「何を？」「どの様に？」と具体的に質問してみる。また、議論が一段落したところで重みづけをすると、もう1歩考えを深めること、まとめに役立つ。最後には多数決をとることになるかもしれないが、十分に話し合いをつくし、その過程を共有していればみんなの納得が得られることが多い。あえて参加者の人にまとめてもらうのも合意度の高い結論になる有効な方法である。

⑤共有しよう！

　目的（ビジョン）は何らかの形で残し、その場にいなかった人と共有することも重要である。言葉で残していくことと同時に図や写真、絵なども使って緩やかに束ねられた目的（ビジョン）を表現して残しておく。この時の表現は完成度を求めるものではない。対話の場にいなかった人が議論の内容や場の雰囲気を共有できることが一番の目的である。その場にいなかった第3者が見た時に共有でき、心動かされて一緒に対話が生まれる様に言葉のチョイスやデザインにこだわることが大切である。記録することで議論を"見える化"し、プロセスも含めてみんなで共有することができる。決して綺麗に残すことだけを考えずに、話し合った過程や展開もそのままわかるように残していこう！

⑥未来志向

　ここで語られる目的（ビジョン）は当然より良い未来につながっているべきである。その未来とは、単に遠い先のことだけでなく、5年後、10年後など近い未来を思い描くことも重要である。今、国際的な目標であるSDGs＊4も2030年をゴールに設定し、そこ

＊4　SDGs（持続可能な開発目標）とは2015年に国連サミットで採択された2030年までにより良い世界を目指す国際目標。17のゴールと169のターゲットから構成され、誰1人とり残さないことを誓っている。日本をはじめ世界で取り組まれている。

までの道のりを逆算している。理想的な遠い未来とそこに続く近い未来の両方を考えることである。夢を語る大胆さを持てる雰囲気をつくり、一方でそれに向かって近い未来にはどういった事を目指すべきなのかという理想と現実を行き来する意識付けを仲間に促す必要もある。

⑦まちはみんなのもの！　だから誰1人とり残さない。

　SDGs には「すべての人がステークホルダーである」という考え方が随所に出てくる。まちは1人の発言力がある人だけのものでも、多数派の人たちだけのものでもない。みんなのものだから誰1人とり残さない意識から始めることが大切である。小さな声に耳を傾け、時には引き出してあげることも重要な事である。そういった声が思わぬ良い展開につながることは、まちづくりにおいては本当によくある。様々な方法を使って、多様な声をとり入れられる仕組みや雰囲気づくりを心がけよう。

　これらの心構えを持って、自然と実践することは一朝一夕にはできないものである。専門家ほど、その先の展開や様々な問題点がみえてくる分、容易ではない。建築士である筆者自身も、いつもこれを思い出して心がけるようにしている。

3　実際のまちづくりの現場から「京急梅森プラットフォーム KOCA」

　心構えを理解したら次は実践を経験しよう。経験学習は態度（Attitude）を身につける最も効果的で唯一の方法である。自分の住むまちのまちづくり活動を探してみて、最初はまち歩きなどの参加しやすいイベントからでも良いので、自分のペースで経験しよう。

　まちづくりの現場には本当に多様な人がいる。そして多様な内容（シーン）、場（スペース）があり、枠組みがある。筆者がプレイヤーとして参加している「京急梅森プラットフォーム KOCA」（東京都大田区蒲田地域）を中心にその周辺に展開し、関係している「ひと・もの・こと」を見てみると、そこには様々な人・内容（シーン）・場（スペース）・枠組みがあることに改めて驚かされる。

　KOCA は京急線梅屋敷駅近く高架下にあるコワーキングスペースであり、工房であり、インキュベーションスペースである（図2）。ここにはまちと人のつながりを深めるため

の様々な工夫が見られる。蒲田は町工場が多く、ものづくりのまちとして知られている。そこで、KOCA の工房には 4 × 8 板の大判材料の加工が可能な 3 軸 CNC ルーターや 3D プリンター、レーザーカッターなど最新のデジタルツールを揃えている。これらの機器は試作品など実験的な制作に特化した設備である。町工場にはこうした思考実験を行うことに適した機材が少ないため、それに特化した機能を置くことで個別の利用者だけでなく、まち全体を巻き込みながら、さらに新たなものづくりを促進する意図が垣間見られる。

　空間的にもまちとのつながりが意識されている。様々な開き方でまちに解放されたオープンスペースや屋上があり、そこでは日々活動が行われている。また、運営を行なっている「＠カマタ」もまちとのつながりを感じさせる集まりである。蒲田エリアを活動の場とする不動産、建築、アート、モノづくりなどを専門とする多様なプレイヤーが集まってスタートし、点在するリソースをつなぎ合わせ、エリア全体をクリエィティブな環境に変えることをミッションにしている。そのため、この場だけで完結するのではなく、近隣の商店街やオープンスペース、倉庫や町工場を巻き込んで様々なものをつなぎひと・こと・ものが展開する場づくりを行なっている(図3)。これらを支えているのは、まさに対話とプロセスである。例えば KOCA をつくる際、計画前から敷地や周辺を使っ

図 2　KOCA　オープンスペースと工房

ひと	**@カマタ**  ＊5 @カマタは点在するリソースをつなぎあわせエリア全体をクリエイティブな環境に変えるミッションであり、不動産、建築、クリエーターなどの集まり。	**KOCA 入居者** ＊6 京急梅森 KOCA のシェアオフィススペースに入居するメンバー。アーティスト、建築家、プロダクトデザイナー、町工場、編集者など。様々なモノづくりに関わる人々が集う。

<table>
ひと
</table>

@カマタ

＊5

@カマタは点在するリソースをつなぎあわせエリア全体をクリエイティブな環境に変えるミッションであり、不動産、建築、クリエーターなどの集まり。

KOCA 入居者

＊6

京急梅森 KOCA のシェアオフィススペースに入居するメンバー。アーティスト、建築家、プロダクトデザイナー、町工場、編集者など。様々なモノづくりに関わる人々が集う。

こと

カマタフライデー

＊6

毎月末金曜日に集まるイベント。梅屋敷商店街から食べ物を持ち込んだりするなど、いろんな意味でゆるいつながりを演出。

ラウンドテーブル

＊6

KOCA の建設前、計画段階からまちを巻き込んだ参加型イベントを開催。この場のあり方や今あるポテンシャルをみんなで考えていく。

もの

京急梅森プラットフォームKOCA

＊6

京急線高架下、様々なクリエーションの実験をサポートするコワーキングスペースであり、工房があり、インキュベーションスペースである。

梅屋敷商店街

昭和の空気感が漂う商店街。これらのすべての場の中心的な位置にそれらをつなげるように存在する。この空気こそがすべての活動に力を与えている。

図3　KOCA ／東京都大田区蒲田に展開するまちの「ひと・こと・もの」（写真：出典は下記）

＊5　© 川瀬一絵（ゆかい）（出典：https://readyfor.jp/projects/koca）
＊6　© @カマタ（出典：https://koca.jp）
＊7　©SENROKUYA（出典：http://senrokuya.jp）
＊8　©KAMATAKUUCHI（出典：https://www.facebook.com/kamatakuuchi/）
＊9　©KAMATA_SOKO（出典：https://www.kamata-soko.jp）　＊5～9のアクセス日はいずれも 2020 年 7 月 15 日

仙六屋

*7

「マイクロデベロップメント始めます。」日本中に個性あふれるまちがもっと増えて、自分たちのまちを自分たち自身で楽しくする文化がもっともっと拡がる。

町工場

*6

蒲田は昭和の頃から製造業のまちであり、今でも多くの町工場があるまちである。クリエイティブな活動の種。様々なコラボレーションも企画されている。

その他
商店街の人々
近隣住民
近所の子どもたち
近隣に勤務する人
京急電鉄
大田観光協会
大田区産業振興課
　　　　etc

KOCA スクール

*6

KOCA の工房とラウンジを利用してオリジナル椅子の制作ワークショップなどを開催。近所の子どもたちが参加し、無邪気な笑い声があふれる。

KOCA BUSINESS SEMINAR

KOCA
BUSINESS
SEMINAR

*6

創業者のためのビジネスセミナーを開催。税金からビジネスプランのつくり方など、専門家を招いてセミナーを実施。

その他
Ota Art Archives
KOCA BAZAAR
工房オープンデー
KOCA 忘年会
KOCA キッズ
　　　プログラム
KOCA レクチャー
KOCA クラブ活動
仲間回し
　　　　etc

カマタクーチ

*8

木造家屋が密集するエリアに突然現れる開かれた空き地と路地。まちの隙間であり、地域に開かれた使い方を探求する社会実験プロジェクトでもある。

カマタソーコ

*9

倉庫を活用した展示の実験場としてスタート。2019 年 9 月からは特定の倉庫を離れ、大田界隈を舞台へ、スペースからプロジェクトへ。

その他
シェアキッチン
ファクトリー
ラウンジ
仙六屋カフェ
ブリッヂ
路地
町工場
　　　　etc

MACHIヅクリ

て「ラウンドテーブル」というワークショップを行い、まちを巻き込み、様々なプロセスを踏みながら、議論をして場をつくりあげた。その内容はみんなに共有し、公開された。ラウンドテーブルには様々な人が参加していたのが印象的である。

　また、まちづくりに登場する人々は、住んでいる人もいれば仕事で通ってくるだけの人、この地域を支える企業の人もいて、時には全く反対の価値観を持っている。人によっては効率を重視し、人によっては効率とは無関係なことにこだわっている。

　ここでその一例を紹介しよう。KOCA には、関係している町工場、職人、クリエーター、プロダクトデザイナー、デザイナー、建築家など様々なメンバーが 2 週間に 1 回、金曜日の夜に集まって行っている町工場の技術を生かした新たな商品開発プロジェクト「KOCA クラブ活動」がある（図 4）。ここに集っているメンバーは年齢、性別、バックグラウンドなど多様性に富んでいる。参加の目的も様々で、町工場の技術を広めるフラッグシップとなればと考えている人もいれば地域活動の一環として行っている人、ただ楽しいからという人もいる。この多様なメンバーにも関わらず、テーマの決定から議論を重ねて合意形成を行っていることで、みんなが納得して今でも日々、発展を続けている。あるチームでは日本の伝統的な柄に注目し、町工場や服飾などを手がけるデザイナーからの意見をとり入れて新たな和柄を開発し、それを町工場の技術で照明器具として商品

図 4　KOCA クラブの打合せ風景。リアル、web が混在して話し合いが進められている

図 5　「ロータリーインデックス」により可能になったパイプへ切れ目なくレーザー加工できる町工場の技術力を活かした照明*10

* 10　デザイナー：松村哲志、町工場：城南工業、パターン：伊藤弘子、アドバイザー：Counterpoint、ケントチャップマン

化した(図5)。ブランド名の「FACTRIALIZE」という造語はみんなの合意形成プロセスから生まれたもので、そのロゴはまさにプロセスの共有に使ったホワイトボードの手書き文字に着想を得てつくられている(図6、7)。こうした展開は、まさに本稿で述べてきたコミュニケーション姿勢が結実したものである。プロジェクトの中心となって運営を担った@カマタのメンバーの合意形成とプロセス共有、姿勢を引き出す態度は他のまちづくり活動においても非常に参考になるものだろう。

4　楽しんで実践あるのみ

　実際にやってみるとなかなかうまくいかないこともある。しかしうまくいかないなりにも対話を通じて感覚を共有し、何かをつくりあげていく過程は楽しいものである。ここで学習した意識を持って楽しんで実践を経験するなかでスキルは上達する。経験こそが近道である。

図6　打合せ中のメモ書きとタイプされたフォントを重ね合わせたロゴマーク（デザイン：YOCHIYA＊11）

図7　「FACTRIALIZE」展示会（2021年7月26日〜8月1日開催）

＊11　ロンドンの美術大学 Central Saint Martins を卒業後、2019年より YOCHIYA として活動を本格始動。「マテリアル以上、プロダクト未満」をコンセプトにプロダクトデザインからブランディングまで、様々なものづくりをしている。

2-2

共通目標を実現するためのワークショップの進め方

阿部俊彦

（吹き出し）「街」の良さや問題を共有しよう

ワクワク

ここを広場にできたら楽しい街になりそう

空き家が倒れそうで危ない

道が狭い ゆっくりできない

減築

ベンチ

1　ワークショップとは？

　まちづくりに地域住民の参加が求められている。しかし、住民が、ただ話し合っているだけでは、まちの関係者全員が納得した計画をつくることはできない。そこで、ワークショップ[*1]と呼ばれる協働作業により、地域住民・行政・専門家が参加し、一緒にまちのデザインを考えていく手法が用いられるようになった。

2　基本のワークショップスタイル

　ワークショップで参加者の意見をまとめるための一般的な方法として、KJ法[*2]が挙げられる。KJ法は、意見やデータをカードに記述し、カードをテーマ毎のグループにまとめて図解する方法だ。

　実際には、5〜10名程度を1グループとした島[*3]をつくって、カードの代わりに付箋に意見を書き込む場合が多い。模造紙に意見をグルーピングしたり、表などにまとめていく。付箋を白地図に貼れば具体的な場所の課題や提案について話し合うこともできる。ファシリテーターは参加者の意見を聞きとりながら、最終目的に寄せながら模造紙

[*1]　ワークショップの元は、演劇やダンスなどの創造活動から始まったと言われている。まちづくりの分野では、1960年代にアメリカの環境デザイナーのローレンス・ハルプリンが市民と一緒に公園をデザインする際に導入したと言われている。その後、我が国でも広まってきた。
[*2]　文化人類学者の川喜田二郎がデータをまとめるために考案した手法。
[*3]　1グループあたりの参加者数と同じ数の椅子で、テーブルを囲む形式。

にまとめる。最後に各グループの模造紙を全体で発表し、他のグループの議論も共有する。また、ワークショップには名簿・名札が重要だ。所属や名前がわかることで、話し合う際に参加者同士で声がけをしやすくなる。

3　参加対象者とその募集の方法

　まちづくりの関係者は地区の全住民だが、限られた大きさの会場では、ワークショップの参加者を絞らなくてはならない。一方で、広報が不十分な場合などに、参加者が少なすぎて話し合いができないといった問題も生じかねない。いったい誰に声をかければよいのか。地区の自治会の会長や役員、ワークショップのテーマに関わる地域組織[*4]の代表者や幹部に呼びかけるのが一般的だ。それに加えて、地区内の民間事業者[*5]にも参加してもらう場合もある。また、自ら積極的にワークショップに参加したい人を募るには公募が有効だ。口コミやチラシ、SNSやホームページ等で参加者を募る。

　なお、ワークショップを連続的に数回開催する場合は、第1回のワークショップから参加者を固定することが望ましい。もちろん、新たな参加者を拒むものではなく、新しい意見やアイデアを生むためにも、臨機応変に対応する必要がある。参加者の人数や構成については、主催者・地域住民のリーダー・行政・専門家と十分に相談した上で呼びかけを行い、ワークショップの参加者の間で共有したことを、地域住民の総意にスムーズにつなげていくことが肝要だ。

4　まちづくりワークショップの3つのステップ

　以上のようなワークショップでも、まちについて話し合うことはできるが、地域住民が、具体的な空間をイメージし、まちの目標像を共有することは難しい。

　まちづくりワークショップのプロセスは、以下の3つのステップを踏んでいくことが重要である。

　ステップ1：地域の魅力や問題を発見し、まちの課題を共有する。

　ステップ2：まちの課題を解決するためのアイデアを出し合う。

[*4]　防災の場合は防災会や消防団、福祉の場合は社会福祉協議会や老人会など。
[*5]　地区内に事業所を置いて活動している社会福祉法人、民間企業、銀行など。

ステップ3：具体的な空間像をデザインし、まちの目標像を描き、共有する。

筆者が関わった東日本大震災で被災したまちの復興まちづくりの事例と合わせて、各ステップにおける効果的な手法を紹介する。

4-1　ステップ1「まち歩きとガリバーマップ」

地域住民にとっては、普段からよく知っているまちだが、改めて、行政や専門家と一緒に歩くことで、地域の魅力や問題を発見・再認識することができる。さらに、ガリバーマップと称した大きな地図に情報を書き込み、その地図を囲んで意見交換を行うことで、参加者の間で、まちの課題を共有することができる。

手順1

参加者はグループに分かれて、それぞれの歩くコースと、メンバーのなかでコースを先導する班長、写真係、記録係を決める。まちへの思いを語り合いながらまちを歩く。途中で、記録係は参加者が気づいたまちの魅力や問題点などを手持ちの地図（画版があると便利）に書き込み、写真係はインスタントカメラで写真を撮る[6]。

手順2

まち歩き終了後、会場に置いてあるガリバーマップに、まち歩きのコースを書き込み、撮影した写真を貼り付ける。発見したまちの魅力や問題点をガリバーマップに記入していく。付箋などを使うとわかりやすい。

手順3

すべてのグループが記入を終了したら、参加者全員が地図の周りに座り、まちの情報を確認しながら、相互に意見交換し、まちへの思いを語り合う[7]。

手順4

ワークショップの終了後、ファシリテーターがガリバーマップの結果の写真を撮影して持ち帰り、地図データ上に情報及び意見交換の結果を入力する。これをA3版の記録地図としてプリントアウトし、次のステップの参考資料として活用する。

---

[6]　デジタルカメラで撮影した場合は、ガリバーマップに書き込む前にプリントアウトする。
[7]　意見交換の結果は、マップには書き込まず、ファシリテーターが、別の模造紙に記録する。

● 気仙沼で実施したワークショップの例

　東日本大震災の発生から 5 カ月後の 8 月に、宮城県気仙沼市内湾地区（以下、気仙沼
内湾地区）で、まちの復興のためのワークショップを実施した。約 50 名の地域住民と、
行政・専門家・支援大学の教員や学生が参加した。

　まち歩きによって、多くの建物が津波により流失するなかで、一部の建物が残ってい
ることがわかったので、これらの建物を歴史的資源としつつ、その修復や再建に向けた
課題について話し合った（図 1、2）＊8。また、震災前から抱えていた空き地の問題につい
ても再認識することができた＊9。

　後日、成果を地図としてまとめ、参加できなかった住民にも情報を共有するためにチ
ラシとして配布した（図 3）。

4-2　ステップ 2「旗さしワークショップ」

　地域住民だけでは、まちの課題を解決するためのアイデアを出すことは難しいが、ア
イデアの例が示された旗を使うことで、行政や専門家と一緒に検討することができる。

　まず参加者はグループに分かれて、航空写真の貼られた「旗さし盤」を囲んで座り、
自己紹介をする。参加者の職業やまちでの役割、生活などについてお互い理解すること
が大切だ。

図 1　修復や再建に向けた課題

図 2　ガリバーマップに書き込む様子

＊8　「震災後、改めてまちを歩いてみて、被害の大きさを実感した」「山と海、漁業と生業、内湾の景観など、まち
　　歩きで確認した地域資源を大切したまちづくりが重要」などの意見があった。
＊9　ワークショップでの「震災前から衰退していた商店街を再興するために、まち歩きで確認した空き地に仮設商
　　店街をつくってはどうか」という意見を踏まえて、仮設商店街が整備された。

次に、旗さし盤に貼られた航空写真と、まち歩きの結果をまとめたガリバーマップを
まとめた情報地図を照らし合わせて、現状のまちの魅力や問題点を再確認する。

手順 3

あらかじめ用意した「旗」には、「まちの問題を解決するためのアイデア」の例が記
載されている* 10。気に入った旗を選んで、旗さし盤にさしていく。旗をさす時に、参加
者は、どのような理由で旗を選んで、その場所にさしたのかをコメントしてもらう。

手順 4

以上を 4 〜 5 巡程度繰り返し、旗をさし終わった後、ファシリテーターが各班の旗の
意見を模造紙などに整理する。班ごとの参加者の代表者に、模造紙と旗さし盤を使って、
各班でどのような話し合いがなされたのかを発表してもらう。他の班の参加者にも、ど

図 3　ガリバーマップの成果をまとめた情報地図

---

* 10　まちの特徴を踏まえて、あらかじめ想定されるアイデアを示した旗をつくる。テーマ毎に色分けしておくとわ
かりやすい。例えば、「赤：商業の活性化、観光施設など」「青：教育や福祉施設など」「緑：公園や街路樹な
ど」「黄：その他」など、まちに必要な用途や機能によって分類するとわかりやすい。一方で、参加者から思い
もよらぬアイデアが出される可能性もあるので、自由に書き込める白紙の旗も用意する必要がある。

んなアイデアが生まれたのかを紹介し、参加者全員でアイデアを共有する。

● 気仙沼で実施したワークショップの例

　内湾地区では、「まち歩きとガリバーマップ」を開催した後、その成果を「地域資源と課題マップ（A3 版）」としてまとめた。その成果を踏まえて、まちづくりの次のステップに進むために「旗さしワークショップ」をエリア毎に実施した。

　海から少し離れた八日町では、山の地形を再現したジオラマ模型（S = 1/500）を「旗さし盤」として用意した（図 4）。津波により流失した建物の数が比較的少なかったエリアのため、「残っている歴史的建物の活用方法」について話し合われた。また、「安心して暮らすことのできる高齢者にもやさしい災害公営住宅」「地域住民と商店街の拠点となるコミュニティ拠点の整備」などのアイデアがあった（図 5）。

　海辺の南町海岸では、内湾とそれを囲むまちを再現したジオラマ模型（S = 1/500）を「旗さし盤」として用意した。気仙沼の顔である内湾の海辺のエリアのため、「海辺に整備する観光商業施設」「観光客のための駐車場の整備」「市民も観光客も楽しめる岸壁を使ったイベント広場」「高台の避難場所に逃げるための避難路の整備」などのアイデアがあった（図 6、7）。

　港町では、漁船が停泊する岸壁の航空写真（S = 1/200）を「旗さし盤」に貼ったものを用意した。岸壁は漁業のための機能的なスペースだが、ここに観光客も呼び込むための工夫として、「休憩スペース」「駐車場」「散歩道」「観光案内板」などを整備するアイデアがあった[11]。

図 4　地形を再現した旗さし盤

図 6　アイデアを書いた旗をさす

＊ 11　港町の旗さしワークショップでは、竹串に付箋を巻き付けた簡易的な旗を使用した。色は、「赤：課題や問題点」「黄：設置希望施設」「青：従前の施設または漁港施設の復旧」の３つに分類した。

4-3　ステップ3「模型を使ったデザインワークショップ」

　地域住民だけで空間をデザインすることは難しいが、模型を使うことで、アイデアが具体的な空間像に変換される。さらに、行政と専門家と一緒に、まちの目標イメージをデザインし、共有できる[*12]。

手順 1

　まず参加者は、現状を再現した模型（S = 1/100 ～ 1/200 程度）を囲んで、「旗さしワークショップ」の結果をまとめた情報地図と照らし合わせて、アイデアを確認する。

手順 2

　模型のパーツを選んで、それらのアイデアを実現するために必要な公園[*13]、集合住宅[*14]、街路[*15]などをデザインする（図8、9）。

図5　八日町エリアでの旗さしワークショップの結果をまとめた情報地図

---

* 12　佐藤滋『まちづくりデザインゲーム』（学芸出版社、2005年）
* 13　ここでは、空き地に芝生のシートを敷いて、ベンチ、東屋、花壇、樹木などのパーツを配置し、新しい公園をつくる。さらに、屋台、ステージ、キッチンカーなどのパーツを並べ、イベントで賑わうイメージをつくった。
* 14　ここでは、既存の建物をとり除き、1階には、店舗や集会所ユニットを置き、その上に3～4階建ての住戸ユニットを積み上げ、集合住宅をつくった。

手順3

模型でつくった空間イメージを CCD カメラで確認する。アイレベルでどのように見えるのかを評価し、再度、模型を修正する。これを数回繰り返しながら、最終的なデザインを決めていく。

手順4

最後に全員で完成した将来のまちの模型を囲んで、実際のまちづくりにどのように反映していくかも含めて意見交換を行う。

●**気仙沼で実施したワークショップの例**

内湾地区では、八日町エリアと南町海岸エリアの2つのエリアで「デザインワークショップ」を実施した。

図7　参加者が旗さし盤にさしたアイデアの旗

図10　八日町を対象としたデザインワークショップ

図8　デザインパーツ（ベンチ、樹木、花壇など）

図9　建物のユニット（店舗、住宅など）

＊15　ここでは、沿道の建物を道路境界からセットバックさせ、道路の幅を広げ、歩道ツールを敷いて、街路樹、街路灯、ベンチなどのパーツを配置し、歩行者も安心して歩ける道路をつくった。

八日町エリアでは、旗さしワークショップで生まれた「安心して暮らすことのできる高齢者にもやさしい災害公営住宅」と「地域住民と商店街の拠点となるコミュニティ拠点の整備」の2つのアイデアをもとに、被災した老朽建物を3軒まとめて共同で建て替えて、地域のコミュニティ拠点を併設した災害公営住宅（被災者のための住まい）の模型をつくった（図10）。その際、まちの景観や住環境にも配慮して、道路に面してセットバックを行うことで広場を創出し、周辺に圧迫感を与えない中層の建物にデザインすることが望ましいことが確認された。

　南町海岸エリアでは、内湾の全体の模型を作成し、防潮堤の位置を確認した（図11）。また、岸壁では、コンサートの観客席にもなる斜面緑地や朝市や屋台などを並べて賑わうイベント広場を検討した（図12）。さらに「海辺に整備する観光商業施設」「観光客のための駐車場の整備」「市民も観光客も楽しめる岸壁を使ったイベント広場」などのアイデアをもとに、1階に駐車場と店舗、2階に海を望むガラス張りの店舗と観光案内機能を併設したカフェを模型でつくった。内湾地区の岸壁には防潮堤が整備される計画があったが、店舗と岸壁を一体的に利用できるようにデザインすることによって、海とまちのつながりを確保できることが確認された。

5　ワークショップの成果のまとめと目標イメージの実現

　以上のような一連のワークショップ手法を用いて、まちづくりのステップ1〜3を経

図11　南町海岸エリアのデザインワークショップ　　図12　屋台の模型を並べて朝市のできる広場を検討

て、気仙沼内湾地区では、地区全体の目標イメージとしてパースが描かれ、その実現に向けて、一つひとつプロジェクトが立ち上がってきている（図13）。八日町エリアと南町海岸エリアの2つのエリアでは、以下のように、ワークショップの成果がまとめられ、それに基づいて、まちづくりの目標イメージが実現した。

5-1　八日町エリアで実現した地域コミュニティ拠点

　八日町エリアでは、デザインワークショップで検討した「地域のコミュニティ拠点を併設した災害公営住宅[*16]」の模型を実現するために、地域住民によって設立された建設組合が事業主体となって、地権者の土地や建物を集約し、建設用地が確保された。5階建ての建物の1階には、市内で高齢者率が最も高い当地区の高齢者の暮らしを支えるカフェ[*17]と、地域住民が運営するコミュニティセンターを配置し、11戸の住戸は災害公営住宅として気仙沼市が買いとり、まち並みに調和したコンパクトな地域コミュニティの拠点を実現した。また、1階カフェに面した木デッキのテラスは、まちに開き、にぎわいに貢献し、セットバック空間は、お祭りやイベント時には、カフェ及びテラスと一体的に活用されている（図14、15）。

図13　気仙沼内湾地区の目標イメージ

＊16　災害で家を失った被災者のに低家賃で貸し出す公的な集合住宅。
＊17　カフェのスペースは、まちづくり会社が所有し、地元の社会福祉法人が運営しており、地域住民やまちなかで働く人たちに利用されている。

5-2 南町海岸エリアで実現した観光交流拠点

南町海岸エリアでは、デザインワークショップで検討した「海辺の観光商業施設と地域交流施設、岸壁を活用したイベント広場」の模型を実現するために、地域住民によるまちづくり協議会と行政（宮城県、気仙沼市）が、デザインの専門家の協力のもとで話し合い、設計を進めた。その結果として、防潮堤の海側に斜面緑地・ステップガーデン・回廊などを設置、まち側に建築（「ムカエル」「ウマレル」）が配置された。さらに建築から片持ちで張り出したデッキで防潮堤を覆うことで両側の連続性が確保され、「海と生きる」という地域の文脈を継承し、港町にふさわしい景観とともに、「にぎわい」と「いとなみ」をとり戻すことができた（図16）[18]。

6　おわりに

復興まちづくりでは、被災した地域住民の住まいや生業の復旧のスピードが求められる。そのため、被災者が一堂に会してワークショップでまちづくりについて話し合いながら進めるのは難しいと考えられがちだ。しかし、急いでいるからこそ、手戻りがないように、地域住民が納得する形で、丁寧にデザインすること大切だ。

一方、本稿で紹介したワークショップの手法は、復興の市街地整備だけでなく、平時のまちづくりでも多く用いられている[19]。歴史的なまち並みの保全のためのガイドライン、空き家や空き地の活用、木造密集市街地の防災まちづくり・建て替えのルールづ

図14　地域のお祭りの様子

図15　セットバック空間の連続するまち並み

---

[18]　ウォーターフロントでは、2階レベルのデッキと斜面緑地を活用して、コンサートやイベントが開催されている。
[19]　本稿で紹介したワークショップ手法は、早稲田大学都市・地域研究所及び佐藤滋研究室によって研究開発された。筆者は、上記の研究所の研究員として開発にたずさわり、気仙沼市の内湾地区の復興まちづくりにおいて、本手法を用いて、実践的研究を行ってきた。

くり、復興プロセスを事前に体験するための事前復興まちづくりなど、ケースバイケースで、プログラムや条件を修正することによりワークショップ手法を応用できる。ただし、その際に重要なのは、ワークショップを実施する前に、地域住民のリーダー、行政担当者、専門家らが、ワークショップの位置づけを確認しておくことだ。事前にワークショップの結果を実際のまちの改善にどのように結びつけるのかを見据えた上で、ワークショップの目的やプログラムを検討することが必要不可欠だ。

　ワークショップさえ実施すれば、まちの問題が解決するというわけではない。最近では、ワークショップ自体が目的化され、そこで検討された結果が、まちの改善に結びついていない例も見られる。ワークショップを通じて地域住民の間で共有された目標イメージをもとに、行政などの整備主体の意向も踏まえ、専門家が実現可能なデザインを提案し、最終的に関係者全員で合意することによって、誇りと愛着の持てるまちの環境がつくられるのだ。

図16　ワークショップで検討した目標イメージが実現された南町海岸のウォーターフロント

2-3

目的に応じた
合意形成の
手法とプロセス

連 健夫

1　ワークショップの具体的手法

　ワークショップを企画する際は、何のために行うのか、何を成果として得るのかをしっかりと設定した上で方法を検討することが大切であり、実施においては、これらを参加者にもしっかり説明し、共有した上で、いくつかの方法論に則って進めるのが良い。

　本稿では、ワークショップを実施する際の主な手法を具体的に紹介する。これらは状況に応じて臨機応変にアレンジすると良い。また、ファシリテーター自身も楽しめる方法は、参加者も楽しめるため、ぜひ工夫を凝らしてほしい。

1-1　アイスブレイク・自己紹介の方法
（1）マッピング自己紹介
　参加者の住む地域の地図に参加者自身が自宅の場所をマーキングして自己紹介する方法である。様々な色のシールがあると見やすい。自分の住んでいる場所の説明から自己紹介をするので、誰でも躊躇なく話すことができる良さがある。また近くに住んでいる人が誰なのかが自然にわかるので、参加者同士がつながるきっかけにもなる。

（2）自動車パーツ自己紹介

　自分自身のことをハンドルやブレーキなど自動車のパーツに例えて自己紹介する方法である。例えば「私はアクセルです。進み出したらとまらない、お調子者なので誰かブレーキかけてくれる人がいるとありがたいです」のように、おのずと性格が語られることが多い。参加者の性格がわかるとグループ作業がしやすくなる。

（3）1分自己紹介

　1分間で自己紹介をする方法である。時間を決めておくことにより、あらかじめ何を話せば良いかを整理することになる。また、長々と話すことを防ぐこともできる。時間をルーズにすると不公平感が生じるため、タイマーを用意し、ファシリテーターは「はい、お時間です！」と時間を切ることが大切である。音を鳴らしても良い。

1-2　共有の方法

（1）KJ法

　付箋に言葉を記入し分類することにより、バラバラな事象を整理分析する方法である。開発者の川喜田二郎のイニシャルからKJ法と呼ばれている。1つの付箋に1つの言葉、意味を書くことで分類が可能となる。分類は、似ているもの、関係するものを集めて、そのグループにタイトルをつける方法と、あらかじめ枠を設けておき、該当するものを振り分ける方法がある。後者のほうが分類しやすく、例えば、縦軸をハード（道路、建物、設備などに関わるもの）とソフト（人、お金、制度などに関わるもの）、横軸を良い点と悪い点として4つの枠を設ける方法がある(図1)。

（2）コラージュ

　雑誌やポスターなどから写真やイラストなどを切りとって台紙に貼りつけてイメージを表現する方法で、計画の初期段階で参加者が持つイメージを共有する時に適している。簡単なので子どもでも参加ができ、できあがった時に達成感がある。また、イメージなので反対意見がでない良さがある。雑誌などの材料は、参加者が忘れるケースもあるので、主催者側で準備するほうがリスクは少ない。「好きなものや、やってみたい内容のモ

チーフを貼ってください」と説明するとイメージに広がりが出る。コラージュは参加者の無意識にあるものを表出させ創造力を活かす方法と言える*¹。

(3) デザインゲーム

　利用者参加の施設づくりの手法として、まちづくりの実践家、ヘンリー・サノフ*²が確立した方法で、参加者が楽しんで参加できるゲーム的手法をまちづくりの疑似体験に応用するものである。アンケートカードやすごろくなど、様々なやり方がある。例えばブロック模型を敷地図に置きながら説明することで、参加者が敷地の特徴や建物との関係を理解し共有しやすくなる。具体的には、ファシリテーターがいくつかの配置パターンを示しながら、それぞれの特徴や良い点や悪い点を説明することで、設計経験のない者でも理解することができ、建物を敷地のどの位置に配置すると良いのか、そのことによってどこにオープンペースができるのか、人や車の動線はどうなるのか等、配置計画で大切な要点を押さえて検討することができる（図2）。

(4) 見学・視察

　優れたまちづくりの事例を見学・視察することは、参加者のイメージを共有するのに有効である。現地のまちづくり協議会などに説明してもらうと、さらに理解が深まる。また、事前に情報を得ておくと、実物を見て理解が深まると共に、説明時の質疑応答をとおして疑問点を解決することができる。

図1　4つの枠に分けて行ったKJ法

図2　デザインゲームで検討

＊1　ユング心理学において、創造性とは無意識にあるものを意識化することとしており、心の治療のためにコラージュや自由連想法が用いられている。

＊2　Henrry Sanoff　ノースカロライナ州立大学教授。都市計画学、社会教育学、まちづくり学など、アメリカでの長い実践のなかで施設づくりの利用者参加の手法としてデザインゲームを確立した。著書に『まちづくりゲーム　環境デザイン・ワークショップ』（晶文社、1993年）。

1-3　合意形成

（1）メニュー方式

　いくつかの候補から参加者に選んでもらう方法である。各候補の特徴が理解できれば、専門知識がなくても「選ぶ」という行為で参加できる良さがある。誰が選んだのかわからないようにしたい場合は、投票箱を用意すると良い（図3）。結果発表は盛り上がる。ファシリテーターが候補を出す場合は、どの案になっても支障がないようにすることが大切である。好みが偏ると説明が誘導的になりがちで、参加者の選んだという気持ち（主体性）が薄らぐ可能性がある。

（2）旗揚げ法

　3種類程度の旗を参加者に配り、ファシリテーターの質問に旗を挙げて応える方法である。「○○地域の人はA、□□地域の人はB、△△地域の人はCの旗を挙げてください」といったように、どのような人が参加しているのかを共有するためにワークショップの導入部にも使うことができる。全員参加のためフェアーである。ほかにも、○×△の旗で行う場合は、「○○と思いますか？」というように意見を聞くことができ、質問も単純になるので応えやすいという良さがある。複数の候補から選ぶという意味では、メニュー方式の一種である。

図3　自分の気に入った外壁の色に投票

2 事例をとおして見るまちづくりワークショップ

事例1：赤坂通りのまちづくり

①タカラとアラのワークショップ

　「赤坂通りまちづくりの会」は、港区まちづくり条例における登録まちづくり協議会[3]である。ここでは、まず、まちの特徴を理解するために、タカラ（良い点）、アラ（問題点や課題）を見つけて整理するワークショップを行った。まちの良い点を見つけて活かし、問題点や課題を見つけて解決することが目的である。筆者は東京都港区の登録まちづくりコンサルタント[4]を務めており、ファシリテーターとしてかかわることになった。

（1）まちを歩く

　事前につくったチラシで町内会をとおして参加を募り、当日は30人程度の参加があった。最初にワークショップの趣旨とスケジュールを説明した後、まち歩きを行った。まち歩きは、15人ずつ2グループに分けて、2コースを設定して回った。グループ分けは、受付時に番号カードを渡して、その番号を手掛かりに分けるとやりやすい。スタートする前に、各グループで、ポインター係、カメラ係、メモ係、を決めておき、途中で交代する。役割を分担することで不公平感がでないようにすることが大切である。

　ファシリテーターは、適宜止まって、「これはタカラですかねえ」などと話しかけ、

図4　ポインターでタカラやアラを指摘する

---

[3]　住民参加を推進する自治体では、まちづくり条例のなかで住民の声を活かしたルールをつくることが可能な仕組みを設けており、そのプロセスは次のとおりである。①自主的なまちづくり活動、②まちづくり協議会としての登録、③まちづくりビジョンをつくる、③まちづくりルールをつくる、④地区計画として区に認定される。

参加者に気づきを促したりするのが役目である（図4）。断定はせずに、常に問いかけて、参加者自身が考えることでタカラとアラを認定していくことが大切である。また、後で議論をしてもらいたいものがあった場合「これは一見タカラに見えて実はアラかもしれませんね」というように指摘しておくことも大切である。その時に理由まで説明してしまうと、ファシリテーターの一方的なレクチャーになってしまうため、注意が必要である。あくまで住民が主体なのである。

また、ファシリテーターの道具としては、ポインター（指示棒）を準備しておく。まちを歩きながら、「これはタカラですね」と言って指し示す。このような小道具は参加者が楽しくなるので有効である（図5）。

(2) グループディスカッション

まち歩きから会場に戻ったら、グループディスカッションを行う。A、Bグループをさらに2つに分け、4グループで話し合った。これも受付で渡した番号札を用いると分けやすい。多すぎると話に参加できない人が出てくるため、各グループ5〜8人程度を目安にグループの数を増やして調整すると良い。あらかじめ参加者の人数がわかっている場合は準備できるが、多くの場合は当日までわからないため、テーブル配置のパターンをいくつか検討しておくことが大切である。テーブルは島状に配し、その周りに椅子を設けるが、テーブルは整然と並べるのではなく、ランダムに並べたほうがリラックスした雰囲気になる。各テーブルには台紙と付箋、マーカーなどを並べておく。

・ポインター（棒の先にスチレンペーパー等でつくった矢印がついたもの）
・模造紙：台紙として使用
・付箋：7.5cm角、様々な色
・カラーマーカー（インクが紙の裏まで染みないもの）
・画鋲やテープ（台紙を壁に貼り付ける時に使用する）

図5　ワークショップのために準備するもの

図6　グループディスカッション

＊4　行政にまちづくりの専門家として登録しているまちづくりコンサルタントで、市民が登録リストから自主的に専門家を選び、一定の報酬が払われることで行政から協議会に派遣される。登録まちづくりコンサルタントはまちづくり条例に沿って協議会にアドバイス等をする。

ディスカッションは、最初に各グループでファシリテーターを決め、ファシリテーターが司会進行をする。まずは、自己紹介と共にまち歩きの感想を参加者に話し合ってもらう。各テーブルのファシリテーターが自分の感想を話した後に「○○さんいかがですか？」と促すと参加者が話しやすい雰囲気となる（図6）。

（3）付箋を使って意見をまとめる

　付箋には各自が気づいたことを記入する。後で分類できるように、1枚の付箋に1つの言葉もしくは1つの文を記入することが重要であるため、ファシリテーターが参加者にしっかり伝える必要がある。「最低10枚は書いてくださいね」と、時には参加者に促すことも大切である。「頭が柔らかいと多く書けるんですよね〜」などと冗談を言って場を和ませることも効果的である。

　ここでは、タカラとアラ、ハードとソフトの4つの枠を描いた用紙を使って、該当する付箋を振り分けていく方法をとった。ファシリテーターから自分の付箋を読みあげながら該当する枠に貼りつけていく。どちらにも属さない付箋は中間あたりに貼りつけると良い。

　最後に、グルーピングしたなかで、どれが大切か、優先されるかを話し合って、優先番号を記入し、大切なものにはアンダーラインを引いたり、星印を付けたりして重みづけをする。話し合って、さらなるキーワードが出てきたらメモとして記入しておく。

（4）グループ発表

　発表者はファシリテーター以外から決めるのが望ましい。ファシリテーターが指名しても、ジャンケンで決めても良い。2名程度とし、1人はサポート役にまわるなど、各グループで検討して決める。グループのファシリテーターは発表内容に対して、適宜質問や解説をして、聞いている人がわかりやすくなるように努める。時間係はファシリテーター以外から決めると良い。進行に集中していると時間を忘れることがあるからだ。

（5）まとめ

　全体のファシリテーターは各発表内容を聞きながら、要点を箇条書きにしてまとめる。まとめることにより、参加者がワークショップの成果を理解することができる。ここで

は、「落書きされている壁があるので、落書き消しワークショップを企画しよう」「電信柱はじゃまなので地中化を区に申し入れよう」「玄関前の緑は気持ち良いので、植栽を増やすことを考えよう」といった今後につながる成果がまとめられた。

　タカラとアラのワークショップによって今後の活動の方向付けができる。また、タカラを共有することは「まちづくりビジョン」[*5]の設定につながり、まちへの愛着を深めることにもなる。その後の話し合いにより、赤坂の特徴から「和モダン」というキーワードが設定され、まちづくりビジョンの足掛かりができた。さらに、そのイメージを共有しようということで「コラージュワークショップ」をしようということになった。

(6) 飲み会のアレンジ

　ワークショップの後にあらかじめ飲み会をアレンジしておくことは、実は大切である。お酒が入ると本音が出てくるし、飲み会を楽しみにワークショップに参加する人もいる。飲み会でなくても、何らかのコミュニケーションの機会を設けることが大事である。

②コラージュワークショップ

　赤坂の将来のイメージをコラージュで共有するワークショップである。事前に、コラージュをつくる目的や方法を書いた案内を作成して参加者を募った。コラージュの素材は雑誌の写真などであるが、ここでは「貼りたいものを持参してください。」と案内しつつ、持参しない人のために雑誌を 10 冊ほど準備した。

　コラージュづくりもグループに分かれて行う。参加者は 30 人程度だったため、4 グループに分かれて行った。大切なのは、できあがった後にグループで感想を言い合うことである。その間、ファシリテーターはキーワードやコメントを箇条書きにしていく。コラージュはイメージであるが、それを言葉で表現することにより、イメージの共有につながるのである。さらに、キーワードに共通するものを言葉としてまとめ、ビジョンにつながるものを箇条書きにした。コラージュはみんなでつくった作品としてまとまるので、参加者も満足そうであった(図 7)。

③落書き消しワークショップ

　タカラとアラのワークショップでアラに指摘された、空き地の囲い壁に書かれた落書

＊5　まちづくりの理念やまちの将来像を示したもの。まちづくり条例を活用したまちづくりのステップは、①自主的なまちづくり活動、②まちづくり組織の登録、③まちづくりビジョンの策定・登録、④地域まちづくりルールの策定・認定、⑤まちづくり活動の実施・推進、と進めていく。

きを消すワークショップである。ペンキは近くで工事をしている建設会社から支給してもらった。費用が発生すると意見がまとまらず行動に起こせなくなることもあるため、費用はなるべく発生しないように工夫することが大切である。支給した建設会社にとっても、イメージアップになり Win – Win の関係とも言える。

　ワークショップは前半と後半に分け、前半は子どもたちに参加してもらって自由に壁に落書きをしてもらった。子どもたちにとって、壁に自由に落書できるのはとても楽しい体験になる。親子で参加してもらい、親子協力してワイワイ、ガヤガヤ楽しく落書きをしてもらった。それを写真に撮り、メールで送ることで、参加者へのお土産にした。後半は落書き消しということで壁全体を塗装するワークショップとした。今までのワークショップ参加者に案内し、集まった有志で行った（図8）。仕上がりは良く、みんなで記念撮影をした。記録や記念になるので、ワークショップではその都度写真を撮ると良い。ファシリテーターは撮り忘れないように気をつける。

　塗装ワークショップは楽しいので、1人が独占しないよう、時間を決めて交代するなどのアナウンスをするのもファシリテーターの役割である。

<u>④元町の見学</u>

　まちづくりにとって先行事例の見学は大切である。「あそこのあれが良かった」と具体例を挙げて話し合うことができるからである。ここでは、横浜市元町のまちづくり協議会の協力を得て、見学会を企画した。参加者は約20人で、港区のまちづくり推進課の担

図7　コラージュをつくってイメージを共有

図8　落書き消しワークショップ

当者も同行した。元町の協議会から、ここではまち並み誘導型地区計画により歩道空間を広くする共に、斜線制限を緩和するインセンティブにより建て替えが進みまち並み・景観の向上を図ったこと、住民参加のまちづくりプロセスにより、賑わいのある商店街にすべく道路の蛇行デザインやボラードの設置、標識や看板のデザインの統一などが行われたこと、一方通行にして歩道幅を広げることには様々な意見があり、時間をかけて決めたことなどが話された(図9)。見学会では地元の人に説明していただくと様々な情報が得られる。

　元町では、まちを歩き、写真を撮ったり、みんなで意見を言い合った(図10)。もちろん、その後に食事会をして、さらに本音で話し合った。こうした内容はニュースペーパーとしてまとめ、協議会メンバーと共有した。

事例2：生田緑地将来構想ワークショップ

　川崎市の公園緑地課の主催で行われ、筆者は座長という立場で関わった。当初は「生田緑地ゴルフクラブの建て替えのワークショップ」から始まったが、住民からの意見によって「生田緑地将来構想ワークショップ」へと広がった事例である。

①生田緑地ゴルフクラブ建て替えワークショップ

　生田緑地に関わる様々な団体から参加者を募って実施された。まずはみんなで公園を歩き、その感想やゴルフ場の役割やクラブハウスの現状などを議論した(図11)。それを全体会で発表した時に「そもそもクラブハウスの建て替えからワークショップがスター

図9　元町見学会、協議会から話を伺う

図10　様々なデザインが施された元町商店街

トしているが、まずは、生田緑地全体の将来をどうするかを議論した後にクラブハウスをどうするかを考えるべきだ」との意見が参加者から出てきた。その意見を基にさらにディスカッションを重ねて、生田緑地全体について考えるワークシップをやることになったのである。参加者から大切な意見が出てきた場合は、積み残さずにしっかりと議論することが大切である。大きくスケジュールを変更することにはなったが、結果として参加者の理解が深まった良さもあった。柔軟な対応が必要なのである。

②生田緑地将来構想ワークショップ

　市民ニュースなどの媒体を利用して公募で参加者を募った。40人程の参加者が得られ、生田緑地を歩き、タカラとアラを考えるワークショップを実施した。公園には様々な生き物が住んでいる、また様々な植栽があるため、それらをまずはみんなで勉強することが大切だということになった。

③専門家を招いた勉強会

　まちづくりにおいて、場合に応じて専門家を招いて勉強会をすることは大切である。素人だけで話し合っても限られた知識や経験ではどうしても限界がある。専門家は様々な事例を知っているため、将来において何が必要かといった情報を提供することが可能である。ここでは生物や植物に関する専門家を講師として招き、勉強会を実施した。

④発表会

　勉強会で得られた知識も含め、グループに分かれてKJ法で意見をまとめていった。

図11　市民意見交換会で参加者の意見を聞く

図12　全体会で各グループのまとめを発表する

まとめは大きく「現状分析」と「提案」の２つになる。これらの結果をもとに、公開で発表会を実施した(図12)。発表会には、勉強会の講師をコメンテーターとして招き、発表内容に対する印象や感想をもらった。それによって発表者は自分の発表を客観的に捉えることができたようだった。発表会は大き目の会場を予約し、市民ニュースや行政のホームページで広くアナウンスして実施した。

⑤まちづくりNEWSや報告書

　毎回のワークショップをまとめたリーフレットを参加者と共有することは大切である。参加できなかった人にも何が話し合われたのかがわかり、次回、不安なく参加ができる。また、それらを報告書と共にワークショップの記録として残しておくことは、今後のまちづくり活動に役に立つ材料となり、ほかの地域にとっては貴重なまちづくりの参考資料にもなる。そのためワークショップをどのように記録するかを決めておくことは大切である。ここでは「生田緑地将来構想」としてまとめられた。クラブハウスの扱いを含む、将来の生田緑地の整備のベースが住民参加によってできたのである。

事例3：復興防災集団移転ワークショップ

　東日本大震災の復興まちづくりは様々なところで行われたが、筆者が関わったなかに気仙沼階上地区[*6]で行われた高台移転事業としての復興防災集団移転のワークショップがある。ワークショップのプロセスとしては、①移転地の検討(図13)、②道路と宅地の検討、③現地での宅地の検討を経て、④各住戸のコラージュづくり、⑤各住戸の建設

図13　候補地をまわる

図14　現場で各敷地を体感する

*6　住民300人のうち93人が亡くなった地域である。防災移転の場合、一般に行政側で移転地域を指定するが、自分たちで移転地を探したいという住民の要望からワークショップが行われた。当初は4戸で、防災移転事業の実施に最低限必要な5戸を満たさなかったが、ワークショップを進めるうちに1戸が加わり実現できることとなった。

といった流れである。ここでのポイントは、地域医療、都市計画、建築（筆者）の各専門家が支援者として関わり、住民の求めに対して3つの視点からアドバイスすることで、できるだけ希望に近い移転場所を見つけ、望む形の家を建設しようというアプローチだ。毎回のワークショップの前には専門家間で十分な話し合いを行い、それぞれの役割を明確にしながら適材適所で行政との間に入り、調整を行った。また、住民は予期せぬ被災で住む場所を失い、さらに移住しなければならないというネガティブな状態のため、住民から積極的な発言が得られない状況があり、様々な工夫が必要となった。例えばディスカッションでは、参加者がコメントを書くのではなく、ファシリテーターが意見を引き出して付箋に書き、それを参加者の前で分類して共有するという形をとった。また、具体的な住戸について話し合う前に、移転予定地で各敷地にカラーテープを張り、実際の広さ感などを体験しておくことで、できるだけ意見が出やすい状況をつくった（図14）。それぞれの状況において、やり方を工夫することが大切である。

　相手の立場や状況に応じてワークショップのやり方を工夫することは大切である。特に被災地でのワークショップはネガティブな状況であることに配慮し、参加者が負担なく関われるようにする工夫が求められるのである。

　これらの事例をとおして、ワークショップの手法、留意点、コツなどの理解が深まったと思う。ワークショップは実践が大切なので、機会があれば、これらを下地に、ぜひワークショップに参加し、体得していただきたい。

3章

まちづくりにかかせない
不動産・経営的視点

3-1

エリアマネジメント
につながる
建築と不動産の
基礎知識

高橋寿太郎

1　不動産的な視点と思考がなぜ必要なのか？

　まちづくりに取り組む際、知っておくべき専門性の1つに「不動産領域」がある。不動産とは、民法*¹86条1項では「土地及びその定着物（建物や立木等）」と定義されるが、実際のまちづくりの現場では、土地や建物を賃借するため、または土地や建物の所有権を売買するための実務的な知識から、建物所有者やまちづくりプレイヤーに生じる収益性を予測すること、その分配の計画、またそれらを中長期的に運営管理（マネジメント）する仕事も含まれる。またその結果をフィードバックし、運営計画の変更や修正を行うアクションも、すべて「不動産」の領域と言うことができる。建築やまちづくりの分野から見たとき、不動産領域は、近くて遠い分野である。しかし同時に不可欠なものであることもわかるだろう。

2　不動産の種類と役割

　不動産会社の仕事を種類別に整理すると、およそ次の4つに分類される。

　・ビルやマンションの開発、分譲

---

*1　日本国憲法や刑法と並び、主要な六法のうちの一つ。一般人同士の関係を規定した私法の中の基本的な法律。財産や家族について定められている。

・土地や建物の仲介業（売買または賃貸）

・賃貸管理業＊2

・建物を所有し賃貸する大家業

さらに近年、それらが混ざり合った業務や、広く関係者の問題解決に取り組む「不動産コンサルティング業」なども台頭してきている。

2-1　仲介業務とは？

特に「土地や建物の仲介（売買または賃貸）」（以下、仲介）を詳しく説明する。仲介の業務のフローは、大きく以下の3点による。

・不動産物件の紹介と案内

・不動産契約のための保証会社や金融機関からの融資の手続きの補助

・不動産契約の締結（賃貸借契約・売買契約）(図1)

これらを宅地建物取引士がサポートする。優秀な仲介人は顧客の話をよく聞き、分析し、顧客が本当に望むものやメリットを追求できる。貸主や借主、買主や売主の取引リスクを回避するように助言し、安心安全な売買契約を実現する、そんなマインドを持つ専門家である。

2-2　融資手続きのサポート

不動産業務のうち、もっともイメージしづらいのが、資金調達だろう。新築かリノベーションで建物計画をする場合、所有者の多くが、銀行などの金融機関から「住宅ローン」または「事業ローン」を利用する。不動産の専門家は、事業者の職業、収入、自己資金等から、どのくらいローンの借り入れが可能かを計算できるが、「借入可能額」と「借りて良い金額」は異なるため、この算出には、家計のお金を幅広く扱うフィナンシャルプランナー＊3的視点でアドバイスすることが望ましい。

＊2　不動産オーナーに代わり、賃貸している住人やテナントからの家賃を徴収し、相続やトラブルの窓口になる会社。賃貸仲介会社と併設されていることが多い。

＊3　一般顧客の家計やライフプランを始め、保険、不動産、投資についての相談を受ける。独立経営する「独立型」FP事務所を指す。またそれに対して保険代理店、税理士、社会保険労務士、宅地建物取引士などがFP事務所を併設し、それぞれの専門に特化した業務を行う「併設型」も多い。

仲介の基本形

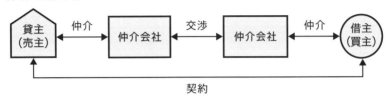

仲介会社が1社の場合

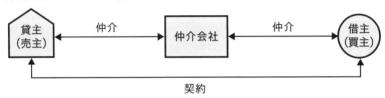

直接売買

貸主(売主)・借主(買主)と、仲介会社の関係は3つパターンがある。
どういう体制で契約しようとしているのか、よく知っておこう。

図1 貸主（売主）・借主（買主）・仲介会社の関係性

2-3 不動産売買契約

例えば家づくりのために土地を購入する場合は、ローンの審査が通る前後でようやく不動産売買契約のステップに進む。不動産仲介人が行う契約業務を、さらに詳細に記載すると以下になる。

（1）重要事項説明[*4]（不動産会社から買主へ）

（2）売買契約

（3）売買契約の場合は、ローン審査や金銭消費貸借契約（ローンの契約）

（4）引き渡し

（1）の重要事項説明とは、不動産契約と一体になっている、土地や建物の詳細情報のことである。土地や建物の面積や、測量図[*5]の種類、建築基準法や都市計画法上定められた制限やその種類、各種条例、ガス管や水道管等の埋設配管の状態、道路・隣家との権利関係、金銭の授受に関する詳細、契約の解約条項……そのほか特に注意しておくべきことが詳細に網羅されている重要資料である。法的には、宅地建物取引士の国家資格上の独占業務は、この重要事項の説明と記名押印すること（と契約書に記名押印すること）である。

通常の業務では、こうした不動産のプロセスを経て、建物づくりのバトンが建築の専門家の手に渡される（図2）。しかし、この不動産の情報が詰まった「重要事項説明書」が建物の専門家にしっかり手渡される割合は、筆者の経験上、意外に低い。まさにここで「建築と不動産のあいだ」による断絶が起こっているのだ。うまくバトンをつなげるためにも、やはり不動産と建築の双方の理解が重要なのである。

3　建築と不動産のあいだ

一般消費者の印象としては、建築と不動産は類似した近い分野だが、日本の建築教育から見たとき、不動産領域は、遠く馴染みのないものに見える。考え方も価値観も、人材の特性や商慣習も異なる。結果的に、建築と不動産はコミュニケーションが十分ではなくなり、「建築と不動産のあいだ」とも呼ぶべき独特な断絶を生んでいる。それによっ

＊4　取引対象の不動産の詳細情報が記載された書面。売買契約の前に国家資格者である宅地建物取引士が買主に重要事項説明をすることが宅地建物取引業法で定められている。

＊5　土地の測量図は、建築士ではなく、土地家屋調査士（測量士）が作成する。「確定測量図」「地積測量図」「実測図」があり、その性格は異なる。測量図の種類については、最近売買した土地でなければ不動産コンサルへ相談したほうが無難。

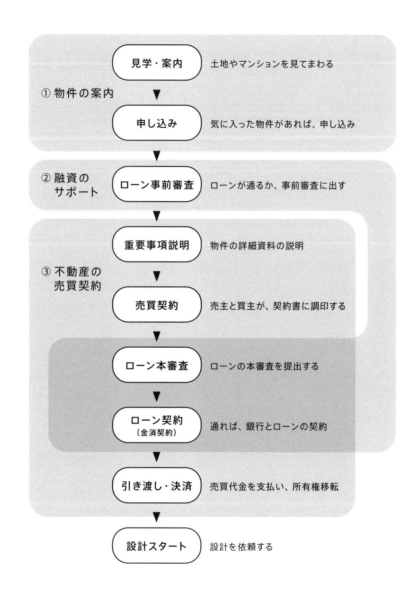

図2 不動産を取得する流れ

---

* 6　民法の家族についての規定のうち、「相続」について規定されている条文を総称して、相続法と呼んでいる。不動産は相続の対象になりやすいため、宅建士は相続についての基礎的知識が求められる。
* 7　不動産の表示や権利を公示するための制度を定めた法律。登記されている内容は、法務局が交付する登記簿謄本で確認できる。

て不利益を被るのは業界人や専門家ではなく、一般顧客やまちの人々である。不動産の理解を深める一番の近道は、この断絶の構造について十分に把握することだろう。

3-1　業界の成り立ち

建築設計は、明治時代にヨーロッパから輸入された概念である。日本の都市の近代化に向け、新しい建物づくりのリーダーのポジションが創設された。一方で不動産業は、戦後復興、高度成長と日本は経済成長して行く過程で、技術や体系は実社会の経済活動の中で発展を遂げる。

3-2　業界人材特性

また、「ものづくり」である建築設計の法律は、建築基準法や建築士法である。国家資格である「建築士」を取得し、建築設計業務を請け負うが、土地などの「取引」を旨とする不動産の法律は、宅地建物取引業法をはじめ、その上位法である民法や、その中の相続法[*6]、また不動産登記法[*7]などがある。不動産の国家資格である「宅地建物取引士[*8]」は、多くの場合、不動産業界に就職してから初めて学び始め、取得する。理系や芸術系が多い建築業界に対して、不動産業界はどちらかというと文系の人材が多い。属する人の系統が異なるということは、やはりものごとの捉えかたや観点が異なる。

以上のように、2つの業界は、隣り合わせにありながらこれほど異なる。そしてその違いのために、比較される場面すらつくられず、建築と不動産の領域の断絶をわかりにくくしていると思われる。

4　不動産とまちづくりの接点

まちづくりの範囲は広く、様々な専門性の集合体のようになっている。例えば、昨今問題になっている空き家活用を考えたとき、そのハード面を見るのは建築の仕事であり、その所有者との関係性のとりまとめ（不動産契約）といったソフト面が不動産の領域であることが多い。不動産の知識がないままに、住民や知識人の意見を集めるワークショ

[*8]　宅地建物取引業法に基づき定められた不動産取引の国家資格。高額な不動産を購入（または売却）する者が、損害を被ることを防止するために、一定の専門知識と能力を有し、公正な取引を成立させるための専門家。2015年4月に「宅地建物取引主任者」から名称変更された。

ップを行っても、話がいっこうに進まないことも多い。また課題が拡大してしまうケースもあり得るだろう。まちづくりの根底には不動産の課題解決がある、と仮説を立てると、テーマが浮き彫りになってくる。

4-1　古い建物の再生をはじめる前に

　例えば、地域で古くから馴染まれた建物が空き家になっている。この建物を活用し、まちに開くスペースを設け、住民が自由に出入りできるコミュニティの場、または町人が経営する憩いのカフェにするなど、まちを元気にするためにそうしたビジョンやイメージが湧いたとする。

　前述したように、不動産の課題を解決するには、まず、その建物の土地と建物の所有者が誰で、何人いて、何歳で、なぜ空き家になっているのか、どういう課題があるのかを知らなければならない。空き家になる理由というのは、相続後に単に活用する気がなくて放置している、所有者の経済的余裕があるため活用の必要がない、所有者が健康上の理由で別の場所に住む、所有者が不明であるなどが多い。具体的には、祖父の代からその地域に住んでいたが、現在の所有者に相続されてからは別の場所に住んでいて活用には関心がないが、売却するのは忍びない……または、相続人が 10 名を超えており、それぞれが遠方に離散して、ただ放置されてしまっているなどだ。

4-2　マッチングも不動産領域の仕事

　一方で、空き家を借りてお店をしたい、買ってシェアハウスをしたい、リノベーションして地域のコミュニティの場にしたい、という利活用を希望するプレイヤーが現れる。この両者をマッチングさせることも、不動産領域の仕事である。その方法は、お互いの利益（希望）が叶えられ、相反しないか（いわゆる Win-Win の関係になっているか）、互いに信頼関係が得られるか、そして多様なルール決めの中から、適切な不動産契約を選択し、実践できるかである。

　まちづくりの現場で、まちづくりに理解ある不動産専門家が機能していないと、プレ

イヤー側が盛り上がったは良いものの、所有者の課題解決が不十分で、結局は実現に至らないか、長続きしないことが多い。まずは所有者の課題は何か、どう関わるか、また適切な収益があげられるか、そこから始めるべきである。これが不動産思考である。

5　お金とライフプランとエリアマネジメント

　建築と不動産の接点、不動産とまちづくりについて見てきたが、ここを掘り下げるのであれば、「お金」の話は避けて通ることができない。ここではその実践のための知識を紹介する。

5-1　エリアマネジメントと地域経済

　お金の流れは、所有者やプレイヤー、また地域住民の関係をつなぐひとつの側面と捉えられる。まちづくりが目指すべきビジョンは、市民が主体的にまちづくりに参加し、地域の価値を高める努力を中長期的に継続していることであるが、これは「エリアマネジメント」の基本的な考え方でもある。エリアマネジメントとは、地域住民が主体的に、かつ関わり合いながら、一定のエリアを維持管理（マネジメント）し、育てていくこととされる[*9]。そのために必要になるのは、地域住民・所有者・プレイヤーと、各種専門家、そして行政との、継続的で建設的な対話である。まちづくりだからこそ、お金の流れを意識して、積極的に不動産やお金の専門家の力を活用しながら、彼らの本音や利害の把握に努めるべきである。多くの関係者の橋渡しのための要になるのは、言うまでもなくまちづくりファシリテーターである。

　また、まちの活動において、その地域で消費できる商品やサービスをつくるのが好ましいとする「地域循環経済」という考え方がある（図3）。なぜ大企業による全国的な商圏ではなく、小さな地域経済（地域のお店や企業）が望ましいのかと言うと、その地域で稼ぎ、その地域で消費する所有者やプレイヤーが生まれなければ、地域外で消費活動が行われてしまい、長期的にはその地域は衰退していくからである。この流れは、各地にある大手チェーン店の利益が地域外の本社へ運ばれていると考えると、わかりやすい

[*9]　総務省「地域自治組織のあり方に関する研究会」資料『エリアマネジメントの現状・課題そして展望』（法政大学・保井美樹教授作成・2019年1月）。

かもしれない。

5-2　お金の種類

　一言でお金といっても、給料やバイト代などの「収入」、食費や学費、家賃などの「支出」、また個人や企業の「経済活動」など広範であり、次節でも説明する「税金」や「融資（住宅ローンなど）」など、様々だ（表1）。まちづくりにおいて、そうしたお金の知識は必要ではあるが、実践においてはお金に関する専門性や厳密さよりも、所有者や住民と接するとき、彼らはお金に関するそれぞれの背景があり、その上で意見し、意思決定しているという意識を持つことの方が重要である。ファイナンシャルプランナーという専門性や資格があると、より具体的なフォローができる。

5-3　お金とライフプランの関係

　所有者やプレイヤーのお金をフォローするとき、「ライフプラン」を手助けする意識も必要である。ライフプランニングはファイナンシャルプランナーの学習分類の一つで、就職や転職、結婚、出産や育児、住宅の購入や売却、介護や退職、レジャーや保険や自

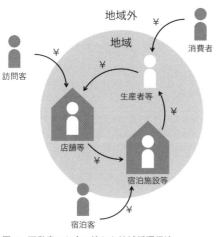

図3　不動産のお金の流れと地域循環経済

表1　お金についての用語

お金に関するテーマ	内　容
ファイナンシャルプラン	家計と収入と支出
	中長期的な資産形成
相続・贈与	親族の合意形成
	親や親族からの相続・贈与
資金調達	住宅ローンや金融機関からの事業融資
	クラウドファンディングや出資
企業会計	個人や企業の活動
キャッシュフロー	不動産キャッシュフロー
税金	所得税や消費税の他、固定資産税や不動産取得税等
金融商品	株や投資信託

動車の購入など、人生のイベントを見える化し、将来の可能性を考えるために行う。当然、これとお金の話は表裏一体である。日本は海外と比べてお金についての基礎学習が遅れていると指摘されている。特にものづくりやクリエイティブな分野においては、お金の話はプライベートな部分であり、公の場で行うのは好ましくない行為であるといった誤解が残っている。建築やまちづくりにおいても、ファイナンシャルプランについての基礎教養が拡充するのは、まだまだこれからという状況だ。

　一方で、すでに専門的な知識がなくてもある程度使えるツールは増加している。近年ではインターネットで簡易な診断サイトやアプリが手軽に得られるようになったので、簡単に感覚がつかめるだろう。繰り返しになるが、まちの所有者やプレイヤーには、お金の話やライフプランの話は必須であり、その課題が見える化し、解決しないと、まちづくりを進めるべきではないと言っても過言ではない。

6　キャッシュフローと税金

　「お金」に関して、不動産キャッシュフローという不動産事業の基礎概念、なかでもまちづくりに関する所有者やプレイヤーにどのような税金がかかるのかを補足しておきたい。

6-1　不動産キャッシュフロー（収支）

　不動産キャッシュフローとは、不動産所有者（オーナー）の毎年の「賃料収入－費用＝利益」が書かれた表のこと。借入返済や、減価償却[*10]、空室率[*11]といった、独特の指標が用いられる。一般的に、10〜30年先を見据えた将来の数字の羅列であるが、じっくり眺めると、そこにあるリズムや流れが見えてくる。実務では市販の収支計算ソフトや、フリーのエクセルシートで作成する。この不動産キャッシュフローを読むための知識を、身に着けておいてほしい。

[*10]　長期間に渡って利用する建物などの取得に要した支出について、税法上、建築物・設備などそれぞれに定められた一定の期間に渡って費用分担する手続きにより算出される費用。

[*11]　不動産収益物件の、全戸数に対する未入居の空室の割合。収益性の指標となり、空室率が低いほど高稼働といえる。賃借人の入れ替わり時の空室期間も含めると、都心の駅から近い物件でも2%程度となり、一定の期間で見ると0%にはならない。空室が目立つ物件では10〜20%となり、地方ではそれ以上の場合もある。

6-2　いくつかの税金

　税金と言うと難しく聞こえるが、整理してみると意外に簡単な分野である。建物に関して建設当初にかかる税金としては、不動産取得税[*12]、登録免許税がある。また所有者に継続的にかかる税金としては、固定資産税と都市計画税[*13]、が代表的である。税というのは、それぞれの時代に定められた「利益に対する国や地方自治体へ納めるルール」なので、形式的に理解すればよい。

6-3　資金調達

　お金に関する様々な説明の最後に、事業を動かすための資金を準備する方法について、触れておきたい。これを資金調達という。大きくは4つあり、①自己資金などの資産からの出資、②金融機関からの借り入れ、また、近年聞くようになった③賛同者の出資やクラウドファンディング[*14]による資本増強、そして④行政からの助成金や補助金である。

　ファシリテーターにとって重要なことは、所有者やプレイヤー、その他関係者の資金調達の方法を把握しておくことである。そういった専門能力は、やはり不動産コンサルタントが長けているため、協力してもらうと良いだろう。会計士や税理士にも、そうした分野に関心がある人材もいる。

7　異なる専門性とコラボレーション

　先に述べた「建築と不動産のあいだ」とは、建築と不動産がその独自の仕組みのために価値観が共有されない、またはコミュニケーションが起きない、つまりまちづくりのウィークポイントが集まる場所、と言える。従来、建築の専門家が建物づくりに参加するのは、土地や不動産の課題が解決してからだった。そしてその不動産の専門家と、建築の専門家が顔も合わさず、業務も引き継がれないことも今だにある。不動産やお金の専門性が分断されている状況では、不動産から建築の専門家へのバトンパスが、うまくいっていないケースがあることを説明したが、それは重要事項説明や、事務的な資料の

＊12　土地や家屋を取得した時にかかる税金。個人、法人に関わらず対象となる。税額は、実勢売買価格とは異なる「評価額」に対して、不動産の種類に応じて一定の割合を乗じて求められる。なお、例えば住宅等の場合は土地購入と建築に、それぞれ不動産取得税がかかるが、ともに一定の割合で減免措置がある。

＊13　建物や土地は所有しているだけで、毎年固定資産税・都市計画税がかかる。住宅用地や新築住宅には減免措置がある。

建築

・ライフプランや目標を立てる

・所有者の今と将来の資産イメージをみる

・土地探しに同行する

・設計案を考える
・確認申請を出す
・見積もりをとる

・完了検査
・施工監理をする

・アフターケア

+ V ▶ F ▶ R ▶ D ▶ C ▶ M
Vision　Finance　Real estate　Design　Construction　Management

・ライフプランや目標を立てる

・ローンの計画を立てる
・フィナンシャルプランを立てる

・ローンの審査に出す
・売買契約する
・土地探しをする

・VFRのバトンパス

・ローンの手続き補助

・賃金や運用のサポート
・登記や火災保険のサポート

不動産

図4　建築と不動産の協業フローの一例

* 14　インターネットを介して不特定多数の人々から（比較的少額で）資金を調達する手段。支援に対して特に明確なリターンのない寄付型、プロジェクトの商品を買うことで支援する購入型、支援者から集めた資金を企業に融資して金銭的リターンを行うか、支援したプロジェクトの株式を取得する投資型などがある。

引継ぎだけではない。まちづくりに参加する建物所有者や、リスクをとり活動するプレイヤーの、権利やお金についての考えかた、ひいてはビジョンやコンセプトが、まちづくりに引き継がれないということである。

　だからこそ、逆にそこを解決すれば、まちづくりの新しい可能性にあふれる場所にもなり得る。

　筆者は日々の業務で「建築と不動産のあいだを追究する」をコンセプトとし、この建築と不動産とまちづくりの専門家たちと実際につながり仕事をしている。「ものづくり」と「不動産取引」のプロがコンビを組むことをルール化することで、建物づくりやまちづくりのフローを拡大する。そうすれば、建築と不動産のあいだにはまり込んだ、所有者やまちの人々の利益（メリット）を、クリエイティブに発見できる。そのためには、図のようなスタートからゴールまで、一貫して建て主のビジョンが反映された建物づくり、まちづくりのフローをつくることが必要である(図4)。

3-2

"負動産"の新陳代謝を促す空き家マッチング術

田中裕治

1　我が国の不動産業界の現状と課題

　不動産会社の業務はアパートの1部屋から一戸建てや事業用不動産、土地を含む不動産の貸し借りと管理、その売買など多岐にわたる。なかでも住宅の売買において最近は、なかなか売れない不動産を売主が手放すために売買代金1円、かつ売主が買主に諸費用の一部を支払うといった逆転現象まで起こっている。実際に高知県の事例では、売主の「とにかく子どもに残さないために手放したい」との希望で、古家の解体費用180万円を売主が負担して更地にし、20万円で売却された。160万円を負担してやっと手放すことができたということである。そうした難あり不動産、いわゆる「負動産」でも専門知識を活かしてうまくマッチングさせるのが筆者のような不動産コンサルタントの仕事である。経験上、一般的に売れないと言われる物件も、工夫次第で意外とすぐに売れるものである。本稿では筆者の実践をとおしてそのノウハウを伝えたい。

2　不動産の取引

2-1　不動産を手放す２つの方法

　我が国で不動産を手放す方法は大きく２つあり、その１つが買主がいれば成立する「売却」や、もらってくれる人がいれば成り立つ「贈与」である。取引相手は多くいるに越したことないが、１人いればよい。しかし難あり不動産は、この１人を探すのが本当に大変であるため、時には物件周辺の見ず知らずの家を訪問して、インターホン越しに「買っていただけませんか？」「もらっていただけませんか？」と声をかけてまわることもある。これは「ノッキング」といって、意外と効果的な手法である。他にはチラシのポスティングがある。同じ物件でも紙面や投函エリアによって反響が違うので、反響がなかった場合には、金額が高いのか、チラシの紙面が悪かったのか、買主になり得る人がいないエリアに投函してしまったのかなど常に試行錯誤を繰り返して、より良い方法を探していく。

　不動産を手放すもう１つの方法は、相続放棄である。ただし、これは相続が発生した時にしかできないということと、相続財産に預貯金や株など資産がある場合にも一緒に放棄しなければならないため、良いとこどりはできないというデメリットがある。また、相続放棄したからといって維持管理の責任から免れるわけではない。維持管理を免れるためには、相続放棄をした後に高額な費用を支払って、裁判所に相続財産管理人の申立てをしなければならない。相続財産管理人の申立てをせずに、例えば相続財産の屋根が強風で煽られ隣の家のガラスを割ってしまった場合は、相続放棄した側に賠償責任が生じてしまうのである。こうした制度的事情から、維持管理責任とランニングコストの問題が所有者にとって非常に大きな重荷になっており、難あり不動産をお金を支払ってでも手離したいという状況がある。

　不動産取引の現場では、不動産コンサルタントが間に入って取引を行うことが多い。不動産コンサルタントは買主になることもあれば、売主や、売主と買主の間に入る仲介（媒介）になる場合もある。買主や売主になるのは買取再販[*1]の場合で、仲介の場合は、

---

*1　利益を最大化できるように物件を仕入れた後、付加価値がつくようリフォームなどをした上で、より高い金額で売却すること。

売主と買主の両方の間をとり持つこともあれば、売主側について買主側の不動産会社と交渉することもある。もちろん売買だけでなく、賃貸管理も業務の1つである。

2-2　売買時の価格交渉

　売主側の不動産コンサルタントとなる場合は、いかに高い金額で売却するか、売主にとって良い条件で話をまとめられるかが重要である。例えば、物件に複数の見学予約が入った時には、わざと見学者を同じ時間帯にして、多くの人が検討中であるかのように演出したり、「価格が下がったら欲しい」といった購入申込みが入った時には購入希望者の顔色をうかがい、買いたい度合いを探りながら、なるべく高い金額を提示しつつ、売主と協議をしながら、いくらであれば売却してもよいと返答をする。こうしたやりとりをするかしないかで、数十万円の差が出る。これが不動産コンサルタントの一声で決まるので、責任は重大である。そのため、売却の相談を受けてからは、まずは念入りに物件調査を行い、査定額を売主に伝え、さらに何回もの打合せを経て売却開始金額を決定する[2]。

　神奈川県の接道に問題があり、建替えができない状態の古家付きの土地（1,000万円）の売却では、近隣住民の方々と協議をし、道路を拡張することで建築基準法の接道の条件を満たし、建替えできるようにした（図1）。結果、1,000万円だった土地を4,400万円

図1　神奈川県の未接道物件

＊2　マンションでは、AI（人工知能）により自動的に査定をするといったサービスを開始しているところもある。

で売却することができたのである。また、協議を重ねた近隣住民の大半も元々建替えができない土地だったが、筆者が道路問題を解決したことにより近隣住民の方も建替えできるようになり、お互いに Win – Win の関係にすることができたのである。

　買主側の不動産コンサルタントとなる場合は、とにかく安く、将来的にもトラブルがないように条件を整えることが重要である。交渉の場では、売主側不動産コンサルタントに対して、最初に何を言うか、これを言ったらどう返答が返ってくるかあらかじめ先読みをしながら戦略的に交渉を進めていく。長期間売れていない物件や売主が不動産会社の場合には、例えばいつまでに資金化したいのか、決算期が近いかどうかといった背景や状況をふまえて、打合せのなかで売りたい度合いを探る。神奈川県の新築戸建の事例では、こうしたリサーチから戦略を練りつつ「値段を下げてもらえなければ他の物件にする。今下げてもらえるなら明日契約する」などと交渉することで、当初の販売価格 5,500 万円から 4,900 万円に、600 万円もの値下げに成功した。

2-3　賃貸業務

　賃貸では貸主になることもあれば、借主になること、貸主側として借主を募集することもあれば、借主側として一緒に賃貸物件を探すこともある。借主を探すためのテクニックの基本は、少ない投資で見栄えをよくすることである。例えば壁紙をすべて張り替えなくても、一部だけアクセントクロスを張り直し、写真映えするように小物などを置いてアレンジする。部屋の雰囲気をよく見せることで、インターネットをとおして借主が決まりやすくなるのだ。

　また、地主と借地人の間をとり持つ借地の管理、貸主と借主の間をとり持つ賃貸管理なども賃貸業務の 1 つである。

3　スムーズな取引のための姿勢

3-1　徹底した下準備

　いかにコストをかけずに価値を上げるかが不動産コンサルタントの腕の見せどころで

あり、非常に面白く、やりがいのある部分である。大切なポイントとして、不動産の貸し借り、つまり不動産の賃貸や売買の場合には、現地で物件の状況確認をし、市役所などで物件について建築基準法やその他法令による制限を調査する。この調査において疑問が残る場合は、その疑問がはれるまで関係先に聞きとりをしたり、何度も現地まで足を運んだりと徹底的に調査する。なかには調査が広範囲に亘り、契約日に間に合わない時もでてくる。その際には、契約を優先するのではなく、契約日を遅らせてでも問題を解決した上で安心・安全な取引を行うことが大切である。

また、建物がない土地などの物件については、そこでの新しい暮らしや営みのイメージと結び付けて検討してもらうことが大切である。例えば、パース（完成予想図）や一緒に展示場に行くなど具体的なイメージを持ってもらえるように働きかけることもある。イメージと共に不動産をつなぐことこそ不動産コンサルタントの「営業力」である。

3-2　価値を引き出すコミュニケーション

不動産で困っている人は日本全国にいる。その問題を解決する時に大切なコミュニケーション力とは「聴くチカラ」である。最初に「相談者の問題」を聴きとる。この聴きとりについては、少しでも多くの言葉で様々な角度から言葉のキャッチボールをし、相談者の抱えている問題を一緒に掘り下げていく。これによって相談前には本人でもわからなかった問題に気づくことがある。理由は、当初は相談者も本当は何が問題なのか自分でもわからずに相談しているからである。

筆者が「不動産を売りたい」と相談を受けた場合、「売らずに済む方法を考えましょう」と返す。すると「高齢になり、階段がきつくて、2階に行けないの。だから売って住み替えたい」といった回答がある。「では、1階ですべて生活できるように水回りをすべて1階にし、寝るための居室を1部屋つくりましょう。そうすれば問題が解決できますね」と返答する。すると相談者から「それはそうなんだけど、そのお金がないの」とか「実は、娘から娘の自宅で一緒に住もうと言われている」といった本音が出てくるのである。

このように言葉のキャッチボールをすることで本当の悩みや動機などを聴きだすこと

ができる。

　相談者にもう 1 つ聴かなければならないことは「相談者の想い」である。相談者はその不動産を持ち続けたいのか、誰に、どのように使ってほしいのかを確認するのである。相談者の想いを聴くことが問題解決の糸口になることは多々ある。また、聴いておくべきことは、その不動産の所有者だからわかる長所と短所である。長所については、「この縁側から見える富士山は最高なのよ」とか「○○スーパーは何時までやっていて○○がおすすめ」「春には庭にウグイスが来るの」とか不動産コンサルタントが知らない情報を相談者はたくさん持っている。この情報こそが価値を高める素材となる。短所を聴いておく理由は、その対策ができないか作戦を立てるためである。

　また、筆者にはよく「不動産を相続して困っている」という相談がある。この場合、困っているのは不動産を相続して困っているわけではなく、「処分しづらい不動産を相続してしまい、子どもたちに残せないから困っている」ということが多い。東京都の一等地の不動産を相続した場合は、ゆくゆくは資産として子どもたちに残せるが、売れない不動産は、ただ重荷になるだけだからである。

4　不動産に根ざしたまちづくりの課題

　「平成 30 年住宅・土地統計調査」によると全国の空き家数は 846 万戸（前回調査 820万戸）と空き家は増え続ける傾向にあることがわかった。空き家の増加は、市況の供給過多を意味し、住宅全体の価値を押し下げる。別荘地でも軽井沢などごく一部を除き、1 円でも売却ができない土地が大量にある。静岡県のある別荘地では、空き地・空き家が多くなり、水道や道路の維持管理費が支払われず管理会社が倒産して、水道が一時使えなくなってしまうことがあった。

　このように人口減少からの空き地・空き家の増加は様々な弊害を生んでいる。価値が低くなりすぎて、報酬が少ないという理由から不動産会社も敬遠し、行政も寄付を受け付けてくれない。このままでは不動産とその維持管理責任を子どもたちに引き継がせざるを得ず、手離す方法がなくて、困っているという人は数多くいる。一方で、不動産会

社の報酬（仲介手数料）は売買代金や家賃に比例するため、田舎の低廉な不動産売買・賃貸の対応をしていては経営が厳しくなる。

　使っていなくても固定資産税や草刈り代がかかる不動産を最近では、「マイナス不動産」、「負動産」や「腐動産」とまで言うようになっている。そういった難あり不動産は大抵崖地であったり、未接道であったり、何かしらで処分に困るものが多く、売却代金も低廉な価格となる。1億円の不動産を売却・活用するより難あり不動産を売却・活用するほうが大変である。その理由は、1億円の不動産は誰が見ても良い不動産であり、価値が高く1億円という金額がつく。つまり、良いものは高い。一方、低廉な不動産は、難があることが多く、タダでも良いがタダにしてしまうと贈与税が課税されてしまうリスクが高くなり、とりあえず1円にしているケースが多いのである。しかし、不動産コンサルタントが行う業務は、1億円の不動産でも1円の難あり不動産でも同じなのである。同じ仕事で1億円の場合の報酬は306万円となり、1円の場合の報酬は0円となってしまう。報酬が0円や少額な場合、不動産コンサルタントとしての業務としては成り立たず、いつかは息切れしてしまう状況にある。これからはそういったことがより一層顕著に表れ、地域によっては不動産会社がない地域も出てくるに違いない。

　政府も空き家を増やさないように「空き家等対策の推進に関する特別措置法」（2015年2月26日施行）や税制優遇措置（被相続人の居住用財産である空き家を売った時の特例）なども打ち出しているが、新築需要も継続しているため、目に見える結果がでているとは言えない。

5　空き家のマッチング

5-1　新しい価値づけにより引き継がれた事例

　こうした状況から、不動産コンサルタントには、「モノに価値をつくる力」が求められる。それは、今の社会：スクラップ・アンド・ビルドの時代は終わり、ストックを活用する時代になったからである。ここでは新しい価値づけによって次の所有者に引き継がれた不動産の事例を紹介する。

事例 1 : 山奥の山林を趣味のための週末住居へ

　栃木県の車が入っていけないような山林を購入した買主の目的は「休日にハンモックで揺られるため」であった。購入者はサラリーマンで、休日のたびにその山林を訪れ、山林の木にハンモックをくくりつけ、山の風にあたりながら、森林浴をしていた。

　最近では、都心に自宅を所有しながら週末は他県に購入や賃借した戸建などで家族との時間を過ごす「デュアルライフ（二拠点居住）」や、大自然のなかでありながら必要な設備が整った状態でキャンプをする「グランピング」が流行している。いずれも田舎の戸建や土地を有効活用し、不動産に新たな価値を見出している。

事例 2 : SNS で海外向けに売り出す

　静岡県の 1 円別荘では、2,000 円分の Facebook 広告を出して購入希望者を募った。国内では 2,000 リーチだったが、試しにアジア圏に向けて同額の広告を出してみると、なんと 40 倍以上の 8 万 5,000 リーチであった。そしてたくさんのメッセージも送られてきた（図 2）。

　アジア圏で日本の不動産は、日本にあることは勿論、外国籍でも所有権を持てる点で大変魅力的である。その意味で、時には国際的な視点も必要であるし、SNS の有効性は非常に大きい。不動産をつなぐためには、そこにしかない観光資源など、特性をよく理解し、海外も含めて積極的に発信することで、多くの潜在需要を掘り起こすことができる*3。新しい価値を提供しようとする姿勢が重要だ。

図 2　静岡県の 1 円別荘の外観（左）と内観（右）

＊ 3　北海道ではその雪質（パウダースノー）が注目されて外国からの移住が相次ぎ、地価が 3 年連続地価上昇率 1 位になっている。

事例3：「家賃０円」だからできたこと

　実は、筆者自身も空き家を購入したことがある。京都府にある地元不動産会社が売り切れなかった老朽化した空き家で、かつては賃貸していたが、家賃収入より建物補修額が大きくなったため、当時の入居者が退去してからは募集せずに空き家の状態が続いていたという物件である。買いとったは良いもののリフォームするには多額の費用がかかる。ではどうしようかということで、「家賃０円」にして再び賃貸に出すことにした。ただし、２つ条件を設けた。１つは「住み手が地域のためになることをすること」、もう１つは「一部リフォーム工事をすること」である。

　この条件付き０円賃貸は、地域おこし協力隊の協力のもと、なんとインターネットに頼ることなく貸主を見つけることができた。当然、家賃収入は０だが、数年後にはリフォームされた建物が戻ってくる（図3）。

6　専門家が協働してこそ課題が解決できる

　今後は、空き家をいかに再生し活用するかなど、どのように価値を見出すことができるのかを考え、価値の上昇を目指すということが不動産コンサルタントの行うべき業務となる。一般的に価値がないとされている空き地・空き家に価値を見出すのは、不動産コンサルタント単独ではできないこともある。建築家の力を借りてリフォームの提案やコンバージョン（用途変更）をしたり、土地の境界標がわからない時には土地家屋調査士

図3　京都府の０円賃貸。空き家状態（左）とリフォーム後（右）

に測量してもらったり、売買などの権利関係の移転や設定の時には司法書士の力を借りたりする。不動産コンサルタントは、単独で業務を行うのではなく、他の専門家との連携を図り、問題解決をすることが大切である。

事例 1：地元専門家の協力で分家住宅を売却可能に

　相続で取得された茨城県の市街化調整区域にある分家住宅[*4]の事例では、買主がその分家住宅を使用するために、用途変更という都市計画法の許可を受けなければならなかった。その分家住宅は、築 30 年が経過し、新築当時より一切リフォームされていなかったため、室内外の大規模リフォームが必要な状態であった (図 4)。筆者が対応することになり、まず最初に、市役所でその住宅が本当に分家住宅として建築されたのか、この分家住宅を第三者が使用するための都市計画法の用途変更の許可はどうすればとれるのかなどの聴きとり調査を行った。その結果、一定条件に適合する購入希望者であれば、その分家住宅を使用するための許可がとれる旨の回答を導き出した。ただ、土地の一部の登記上の地目が農地だったため、許可取得のためには、その地目を宅地に変更する必要があった。この作業については、地元の土地家屋調査士に依頼し、登記の地目を宅地に変更するとともに土地の測量も実施し、隣の土地との境目である境界標も設置した。この測量の際に相談者の所有する駐車場が隣の土地に越境していることが判明したため、その越境部分の撤去工事を地元の解体業者に依頼した。ここからが筆者の出番で、いよいよ売却活動の開始である。売却開始から 2 カ月くらい経過した時にインターネット経由で問い合わせがあり、現地をご見学いただくことができた。ここでは問い合わせの対応は筆者が行い、現地での見学の対応などは地元の信頼できる不動産会社に協力してもらった。そして、地元協力会社のコンサルタントが現地で案内し、不動産及び環境、生活の説明を行った結果、「ぜひ、購入したい」と購入申込書をいただけたのである。この物件は分家住宅のため、購入希望者の方が建物を使えるように用途変更の許可を得る必要があった。この用途変更の許可は、売主の要件と買主の要件、そして物件の要件がある。地元の行政書士に、この用途変更の許可申請と、公道にでるまでに第三者所有の私道部分を通行しなければならなかったため、この取り決めについての合意書を公正証

[*4]　分家住宅とは、原則として建物を建築できない市街化調整区域に農家の分家が様々な条件のもと行政の許可を受けて建築する建物で、建築後は、許可を受けた者及び一定の親族しか使用することができない。原則売却してその買主が使用するということもできない建物。

書化する手続きも依頼した。用途変更の許可申請から約2カ月、無事に購入希望者が建物を使ってもよいという許可を取得できた。そして、すべての条件が整ったところで地元不動産会社に売主、買主が集合し、売買代金と鍵の授受を行い、最後に司法書士が所有権移転登記手続きを行った。20社以上に売れないと言われた分家住宅だったが、多くの専門家の協力をいただいた結果、最終的には700万円で売却することに成功した。

このように不動産売買の場合は、他の専門家の方との協働は必須である。不動産コンサルタントは、不動産のスペシャリストであるとともに、各専門家と相談者をつなぐ潤滑油となるゼネラリストでなければならない。

事例2：建築家ならではの土地の特性を生かした提案

静岡県の高台にある別荘地内の傾斜地の土地の売却方法・有効活用について、建築家に相談をしたことがある（図5）。筆者は、相談相手は建築家なので、てっきりその傾斜地に建物を建築する際の参考プランを提案してもらえるのだと思い込んでいた。後日、その建築家から提案された土地の活用方法は、「キャンピングカー用の駐車場」だった。この提案を見た時、筆者は衝撃を受けた。不動産業界では、売りにくい土地には一般受けする建物を建築し、それを売却・活用する商品プランをつくってから供給するという傾向にある。一方、建築家の提案は、ただ建物を建てるのではなく、まずその地域にどのような需要があるかを考え、その需要に対応した土地の活用方法はどういったものか、と需要を掘り下げた提案だった。これは他の専門家との協働から得られた1つの気付き

図4　茨城県の分家住宅

図5　静岡県の別荘地内の傾斜地

である＊5。残念ながら費用面の壁を越えられず実現はできなかったものの、広い知識を持った建築家からのアイデアに売主はとても感動していた。

事例3：空き地をコミュニティの場として再編する

　神奈川県の車が入らない老朽化した空き家の再生プロジェクトにかかわったことがある。まずは空き家を取得して、建築家との協議によって「みんなのための拠点」とすることになった。そして、その整備費用500万円については「ヨコハマまち普請事業の補助金」を申請することにした。しかし、まち普請事業は、地域ために地域住民とともに整備していく趣旨のもので、地域住民などの仲間が必要である。そのため、まずはメンバーを募った。結果的に、地域住民、小学校PTA会長、民生児童委員会会長、料理研究家、ケアプラザ職員、司法書士、農家、建築学校の教員、社会福祉法人、プロスポーツクラブ、工務店などの様々な人がメンバーに加わり、家族食堂をメインとする交流拠点づくりとして、無事に「ヨコハマまち普請事業」の一次、二次コンテストを通過することができた。2022年3月までにワークショップを開催しながら、地域住民の笑顔をつくりだすための交流拠点「子安の丘みんなの家」の整備を完成させる予定だ。

7　専門家集団、ワンチームで乗り越える

　今、求められているのは、相談者の問題解決ができる専門家集団、ワンチームである。専門家との協働時には、目標達成時期や相談者が負担するコスト、各専門家の担当及び動き出しの時期を予め明確にし、1つの事象に対して、それぞれの立場から最善の方法、最悪の事態の想定、注意点など相互に意見交換しておく必要がある。そして、専門家のなかで「誰と」協働し合うのかも非常に大切である。不動産売買などにおいては、意外とローカルルールが多いため、そのローカルルールに精通していそうな各専門家の方を筆者はいつも事前にインターネットでリサーチをし、現地調査時にその専門家に実際に会って、人となりを知ってから「誰に」お願いするかを決定する。

　不動産は様々な人に引き継がれ、現在に至っている。なかにはぞんざいな扱いをされてきた不動産もあれば先祖代々、とても大切に扱われてきた不動産もある。不動産売買

＊5　不動産コンサルタントが他の専門家と協力することが多いのは相続対策である。相談者が税理士に現状の資産状況を診断してもらい、税理士がその際に残す資産と処分する不動産など色分けを行い、弁護士が遺言や民事信託契約、任意後見契約など、不動産鑑定士が鑑定評価を、不動産コンサルタントが不動産の売却や組み換えを行う。不動産の売却時には土地家屋調査士による測量作業、司法書士による所有権移転登記手続きをする。専門家みんなで相談者のための揉めない相続を目指し、将来的な課題を解決するのである。

においては、同じ不動産が 2 つとないため、それぞれに売主、買主の物語があり、その物語のなかにアドバイザー兼仲間として不動産コンサルタントも登場することになる。そのため、お客様のこれからの物語がどうなるのか、どう良くしていけるかは、不動産コンサルタント次第となる。その分、責任は重くなるが、お客様の物語をハッピーエンドにできた時（不動産の問題解決ができた時）の達成感は他では味わえないものとなる。

4章

建築系による
まちづくりの実践

リノベーションでまち全体をアップデートする

連 勇太朗

1 「リノベーション」と「まちづくり」

1-1 まちづくりの手段としてのリノベーション

　リノベーションは、これからのまちづくりにおいて重要な手段の1つとなる。戦後、日本社会は新築を前提に制度を整備し経済を動かしてきたが、人口減少が進むこれからの時代において既存ストックの活用は必要不可欠である。2015年以降、メディアでも「空き家問題」が頻繁にとりあげられるようになり、空き家や空室化は無視できない社会課題として一般的にも認知されるようになった。人口減少時代のまちづくりは、空き家をはじめとした小さく点在する私有地や不動産を個別に整備しつつ、個々の空間を関連づけ、総体として集合的な価値を生み出すための戦略が求められる。こうした実践は方法論として発展途上の段階にあり、具体的な事例をとおして知見を蓄積していき、社会全体の知的資産として体系化していく必要がある。

　本稿では、縮小化する都市や地域を前提とし、リノベーションがまちづくりやエリア再生と結びつく意義を事例をとおして概説する。都市のスポンジ化[*1]の特徴でもある「地域のなかで小さくバラバラと孔があいていく」状況に対し、小規模な空間改変を実現

---

*1　詳しくは1-4「人口減少における空き家・空き地の利活用と建築系専門家の可能性」を参考されたい。

するリノベーションは、まちづくりと親和性が高く様々な可能性にひらかれている。

1-2　リノベーションとまちづくりを繋ぐ新しい職能モデル

　「リノベーション」と「まちづくり」の関係を職能モデルという観点から考えてみたい。建築計画・都市建築史を専門とする布野修司は「タウンアーキテクト」という職能のあり方を提示している*2。布野は欧米では、自治体の都市計画に一貫して関わり施設づくりを担う専門家として「タウンアーキテクト」の存在があることを指摘しつつ、日本では市民の意向を自治体に反映する仕組みがないことを課題に挙げ、その媒介する役割を持つ存在として地域やまちづくりに継続的に関わっていく「タウンアーキテクト」が必要だと主張している。「かつて、大工さんや各種の職人さんは身近にいて、家を直したり、植木の手入れをしたり、という本来の仕事だけではなく、近所の様々な相談を受けるというそういう存在であった。その延長というわけにはいかないけれど、その現代的蘇生が『タウンアーキテクト』である。」とあるように、そこでイメージされるタウンアーキテクト像は、住人が求めるニーズを的確に把握し、それを空間的に反映・翻訳していく存在である。筆者はタウンアーキテクトという言葉から町医者を連想した。建築家が地域の町医者的な存在として、建物の修繕や改修をとおして空間的課題を解決していく様子はイメージしやすいのではないだろうか。

　そもそも「リノベーション」と「まちづくり」という二つの概念が急速に接近したのは 2000 年以降である。その背景にあるのは、「リノベーションまちづくり」という概念を生みだした都市再生プランナー・清水義次の存在である。清水が提唱する「リノベーションまちづくり」の中核にあるのは、不動産の価値が低下していく社会状況において、事業者とまちに新たなコンテンツを生み出すために、最小限の投資で空間や場を蘇らせ、そうしたコンテンツを増やすことでエリア再生を実現していく「現代版家守」という職能モデルである。家守（やもり）とは、江戸時代に地主に代わって地域をマネジメントしていた存在であり、店子を育成し、自らも事業投資をすることで、公共的なサービスを担っていた。清水は、家守の現代版として、補助金に頼らない自立型のまちづくり会社を構想し、

＊2　布野修司『裸の建築家―タウンアーキテクト論序説』建築資料研究社、2000 年

地域の空間的リソースを発見し、コンテンツを生み出す店子とマッチングし、ときには自らも店子に対して投資をし、エリア価値の向上とともに利益を回収していく自立型の組織を提示している。こうした動きは、「リノベーションスクール」*3 などの活動に結実し、日本中で広がりつつある。空間のリノベーションも重要であるが、これからのまちづくりにおいては、誰が入居し、そこでどのような価値を生み出していくか、ソフトウェアの部分にまで介入していかないとエリア再生は実現しないということを「リノベーションまちづくり」という概念は示している。

タウンアーキテクトや現代版家守という 2 つの職能モデルが示すように、リノベーションとまちづくりは非常に相性が良い。また、興味深い点は、こうした実践の先に（古くて）新しい職能のあり方が示されていることである。それは、従来の専門領域や専門的枠組みに縛られることなく、建築、不動産、工務店、経営、コンサルティングなど様々な領域をまたぐ領域横断的なモデルであるという点も重要である。

2　リノベーションまちづくり事例

さて、具体的な事例やプロジェクトをとおしてリノベーションとまちづくりの関係についてイメージを膨らませてみたい。ある限定したエリアのなかで、使われていない空間を点的に活用していくことで、まち全体を活性化していくプロジェクトや試みが近年、増えてきている。これらの事例は、道路やインフラを計画するといった大きな都市計画ではなく、小さな改修を繰り返し、自らが場を運営したり、テナントを探してきたり、場に対して投資することでまちの価値を創出していくという点で共通している。

2-1　リノベーションと事業を組み合わせる
事例1：HAGISTUDIO の実践

建築家・宮崎晃吉が主宰する HAGISTUDIO は、東京・谷中を拠点に、木賃アパートや住宅をリノベーションしながら、自社事業として最小文化複合施設として「HAGISO」、ゲストハウス「hanare」、食の郵便局というコンセプトのお惣菜とお弁当の店「TAYORI」

＊3　リノベーションスクールは、まちの遊休不動産を対象にし、事業モデルを参加者がチームを組んで作成し、実際に地主や地域住人にプレゼンテーションする実践型のプログラムである。ここから実際に案件化・事業化していくプロジェクトがあり、まちに新たなコンテンツや場を生み出す重要なエンジンの 1 つになっている。

など、複数の拠点を運営している。どれも徒歩圏内に点在していることが特徴である。また、ここでは従来の建築家のように「設計して終わり」ではなく、自らが事業者となり、企画―設計―運営までを一貫して行う点に特徴がある。まちの価値を育んでいくために、建築家が場の運営まで活動の領域を広げている先進的な例だ。どれも既存の建物を効果的に活用し、デザインとコストのバランスがとれたリノベーションを実現している。事業者と設計者が一致していることにより実現できる場づくりであると言える。

　一連のプロジェクトが動き出すきっかけとなり、注目されるようになった最初のプロジェクトが「HAGISO」である。建物自体は、もともと宮崎が学生時代にシェアハウスとして住んでいたアパートであったが、2011年の東日本大震災を機にとり壊す話が持ち上がった。このアパートの可能性を感じた宮崎はカフェとして運営するという事業計画を立て、物件の所有者と交渉し実現することとなった。「最小文化複合施設」というキャッチフレーズを掲げているように、カフェのみならず、ギャラリー、イベントスペース、サロンなど様々なプログラムが組み込まれており、観光で賑わう谷中において新たなスポットを形成している（図1）。

事例2：北九州家守舎の実践

　都内だけでなく、地方都市でも様々なプロジェクトが展開されている。福岡県北九州市の北九州家守舎は、建築家・嶋田洋平を中心に運営されている民間のまちづくり事業会社である。社名に「家守舎」がついているとおり、清水のリノベーションまちづくり

図1　HAGISO 外観（左）と内観（右）。内観写真の左側がカフェ、右側が展示スペース

の方法論をベースに、北九州市の小倉・魚町銀天街を中心に独自の活動を展開している。北九州市は重工業や重化学工業で支えられたエリアであったが、産業構造の転換により、まちの中心部が衰退していった経緯がある。そんななか、中心市街地活性化を目指し2011年に「小倉家守構想検討委員会」が開催され、そこに関わっていた嶋田が清水の思想に触発されることにより様々なプロジェクトが生まれていった。まず、2011年に魚町銀天街の不動産会社である中屋興産と嶋田が主宰するらいおん建築事務所により、10年以上空き店舗だった場所が「メルカート三番街」として再生された（図2）。「メルカート三番街」は、築50年のビルに付随する木造2階建をリノベーションして生まれた文化芸術創造のためのクリエイターや商店主のための拠点である。低家賃で借りることができ、まちに新たなプレーヤーやコンテンツを増やしていくためのインキュベーション施設の役割を担っている。2011年以降、メルカート三番街を起点に「ポポラート三番街」が開業し、周辺にリノベーションによる場の再生が波及していく。また、最初のリノベーションスクールも開催され、全国へ波及していくきっかけをつくった。北九州家守舎は、こうした様々な動きを地域のなかに定常的に生み出し、その力を大きくしていくための様々なプロジェクトを展開している。

事例3：machimori の実践

　他にも家守舎のモデルを引き継ぐ事例として、静岡県熱海市を拠点とする市来広一郎を中心につくられた machimori が挙げられる。「100年後も豊かな熱海をつくる」という

図2　メルカート三番街（左、撮影：中村絵）、ポポラート三番街（右、撮影：らいおん建築事務所）

ビジョンを掲げ活動を展開している。熱海は昭和 50 年代から人口が減少しており、高齢化と合わせて経済低迷が進んでいた。machimori は、熱海駅から 15 分ほどの場所にある熱海銀座商店街にゲストハウス「MARUYA」、コワーキングスペース「naedoco」を運営している（図 3、4）。また、シェア店舗である「RoCA」のリノベーションやテナント誘致を行った。machimori は「現代版家守」として熱海の再生を実現しようとしている。machimori はこうした古くて新しい職能を確立しようとしている点で学ぶべきことが多く、今後の展開が注目されている。

2-2　クリエイティブの力をまちに持ち込む

　アート、ものづくり、デザインをはじめとしたクリエイティブを、まちに新たな可能性をもたらす要素として地域空間のなかに持ち込むこともまちづくりの手段となり得る。アーティストやクリエイターは自らの手で空間を改変する能力が高く、空間を変えていくという意味で様々な可能性を持ったプレーヤーとして捉えることができる。

事例 4：MAD City の実践

　千葉県松戸市で活動する MAD City は、半径 500m 以内を主な範囲としており、クリエイターやアーティストに対して空き家や空室をマッチングすることで 2010 年の活動開始以来 150 人以上のクリエイティブ層を地域に誘致してきた実績を持つ。MAD City は、家主から物件を借りあげ、アーティストに転貸するというモデルで活動している。例え

図 3　ゲストハウス「MARUYA」（撮影：Hamatsu Waki）　図 4　コワーキングスペース「naedoco」（撮影：Hamatsu Waki）

ば「MAD マンション」は全部で 15 部屋あり、すべて改築改装が可能になっている（図5）。住人は DIY などで自由に自分の部屋を好きなように実現することができる。このように、MAD City は住人自らのセルフビルドや DIY の力を利用し、地域の既存ストック活用を推進してきた。また、こうしたクリエイティブ層を積極的に誘致することで、周辺のエリアへの波及など様々な効果が期待できる（図 6）。

事例 5：@カマタの実践

　筆者が共同代表を務める@カマタも、旧蒲田区（東京都大田区蒲田）を範囲とし、地域の不動産をものづくりというコンセプトを軸に活用している。@カマタは、大田区蒲田を拠点に活動している不動産、建築、キュレーションなどを専門とするプレーヤーでつくった会社である。大田区は都内でも最も町工場が多いエリアであり、@カマタはそうした地域の可能性を最大化するため、ものづくりの拠点をまちのなかにつくっている。空地をつなぎ木造家屋や 3 階建てのマンションを SOHO やオフィスに変えた「クーチ」（図 7）、マンションの 1 階部分をシェアオフィス＋デジタル工房に変えた「ブリッヂ」、倉庫をギャラリースペースとして活用した「ソーコ」、高架下空間にものづくりをテーマとしたインキュベーションスペースである「コーカ」（図 8）をプロジェクトとして実現してきた。@カマタは、地域の潜在的価値であったものづくりを軸に、まちに新たなクリエーターを呼び込むことによって活動を展開している。また、木造家屋の改修や倉庫の

図 5　MAD マンション（提供：まちづクリエイティブ）

図 6　旧・原田米店でのイベントの様子（提供：まちづクリエイティブ）

活用から、最終的に高架下空間の活用にまで徐々にスケールアップしている点も注目できる。

2-3　手法を公開し、改修の担い手を増やす

　改修の良いところは建築の専門家以外の人も参画の余地が残されているという点にある。空き家が大量に溢れる時代において、専門家だけでなく、一般の人々の空間やデザインに対する知識やスキルもあげていかなければいけない。そういった意味で、アイディアを関係主体と共有しながらボトムアップ的に空間を改変していくことは1つの有効なアプローチになるかもしれない。

事例 6：モクチン企画の実践

　筆者が代表を務めるモクチン企画は、木造賃貸アパートを再生する不動産、建築、コミュニティデザインなどの専門家からなるNPOである。モクチン企画の名前の由来でもある木造賃貸アパート（木賃）は、戦後大量に建設された建物類型である。60年代では4人に1人がこうしたアパートに住んでいたと言われている。現在はだいぶ少なくなってきているが、それでも23区内だけでも20万戸以上存在している。こうしたアパートが現在老朽化し、空室率が高くなっている。このようなアパートが地域のなかに点在していることで、エリアの活力を奪い空洞化させている。一般的には負の空間資源と思

図7　空き家をオフィス化した「クーチ」

図8　インキュベーションスペース「コーカ」(撮影:山内紀人)

われている木賃を優良な社会資源に転換していくことがモクチン企画のミッションである。さて、大量に点在しているということが木賃アパートの1つの可能性であるのだが、一般的な方法で1軒ずつ丁寧に改修していてはこの大量にあるという可能性を扱うことができない。そこで、開発したのが「モクチンレシピ」である。モクチンレシピはウェブサイトでありデザインツールである。「レシピ」と呼ばれるアパートを部分的に改修するアイディアが料理のレシピのように紹介されているウェブサイトである（図9）。いくつかのレシピ（改修アイディア）を組み合わせることで改修を実現することができる。有料の会員になれば図面や仕様書などもダウンロードできる。主なユーザーは地域の不動産管理会社、工務店、物件オーナーである。こうした様々な人の力を、デザインやアイディアを共有しエンパワーしていくことにより、建物を再生し、地域を再生していくことが可能となる（図10）。

2-4　空き家を福祉拠点として再生する

　今後のまちづくりにおいて、高齢化社会にどう対応していくかが問われている。日本は欧米諸国のように低所得者・生活困窮者向けの住政策が十分に整っている国であるとは言えない。国としては2025年を目標に今まで住み慣れた地域で生活を継続できるよう、住まいはもちろんのこと、介護、生活支援、予防などを一体的に提供していく「地域包括ケアシステム」の構築を目指している。これは今までの政策が推進してきた必要

図9　モクチンレシピウェブサイト

図10　モクチンレシピを使った改修事例

な施設を増やしていくという「施設型」ではなく、「地域型」で高齢者を支えていくという重要な方針である。こうした指針のもと、空き家や遊休不動産を活用し、住まいのセーフティネットを構築していくことが求められる。

事例7：タガヤセ大蔵の実践

　タガヤセ大蔵は、東京都世田谷区の木造アパートをデイサービス施設として改修し再生した先進的な事例である（図11、12）。空室率が高くなった築30年のアパートを、物件オーナーである安藤勝信自らが企画を考え、建築家・天野美紀と、社会福祉法人大三島育徳会が協働し実現させた。タガヤセ大蔵は一般的な福祉施設と異なり、同じ空間に介護保険サービス外のためのスペースがあり、地域住民との定期的な認知症カフェの開催や自分のしたいことをボランティアとして持ち寄り、ともに過ごすことのできるデイサービスになっている。施設内で福祉を完結させるのではなく、地域社会に福祉をひらき様々な人やコトと関係させる場づくりが志向されているのである。一方、2020年に拡大した新型コロナウィルス感染症は、福祉施設を積極的にひらいていくことの難しさを考えるきっかけになった。タガヤセ大蔵はこれからの高齢化社会における施設や地域のあり方を示す1つのモデルであるが、そこには空間や施設を単にひらいていくだけでなく、運営の仕組みや技術までを含めた複合的なデザインが必要であることも同時に示している。

図11　タガヤセ大蔵、外観

図12　エントランスの様子

3 リノベーションまちづくりの実践

3-1 まちを変える方法＝小さな仮説検証を繰り返す

今まで見てきた事例が端的に示すように、これからのまちづくりは、巨大な資本投下によってまち全体を面的に開発していく方法とは異なるアプローチが求められる。そのために、民間の小さな意思決定と投資効果をエネルギーとして最大化させる必要がある。その際、非常に重要になるリテラシーは、小さく仮説検証を繰り返す能力である。小規模かつ高速に仮説検証を繰り返すことの重要性は建築やまちづくりに限らず、様々な分野で主張されており、様々な方法論が開発されている[*4]が、まちづくりにおいても「計画→実行」という単線的なプロセスで考えるのではなく、仮説を立て、小さく検証を繰り返すことで、経験値や失敗を重ね、そのサイクルを大きくしていくことで最終的なプロダクトやアウトプットを生み出していく手法や態度が必要である。まちづくりや都市計画の分野のわかりやすい例としては「タクティカルアーバニズム[*5]」が代表的な方法論として挙げられる。

こうした視点で考えるとリノベーションのメリットが自ずと浮き上がってくる。最初の時点で、既存の建物を壊して新築を計画するよりも、既存の状態を少しずつ変えていき、そこでイベントを開催してみたり、外観を変えてまちの風景を変えてみたりすることで人々の反応を検証することができる。このようにすれば、ちょっとしたアクションや投資によって、大きな意思決定をする前にあらかじめ場所の可能性や課題をテストすることができる。そういう意味でもリノベーションまちづくりにおいては「仮説」をたて、それを「検証」していく仮説検証の力が重要であると強調しておきたい。

3-2 リノベーションがまちづくりと結びつくことの可能性

最後に、リノベーションをとおしたまちづくりの可能性や特徴を3点挙げる。

①様々な主体が参加できる

例えば、**事例4**：MAD City がそうであったように、リノベーションは施工のプロだけ

[*4] ソフトウェア開発では「アジャイルプログラミング」、起業や新規事業立ちあげでは「リーンスタートアップ」などの方法論がある。
[*5] マイク・ライドンとアンソニー・ガルシアによって提唱された都市デザインの手法。仮設的・実験的なプロジェクトを都市空間で繰り返すことで、公共空間の再編を目指す手法。全世界的に注目されている新たな手法である。

でなく、様々な主体が参加できる余地が残されている点に特徴がある。既存の空間があるため、改修後の空間イメージも新築に比べて共有しやすく、既存の建物そのものが多様な主体との対話のツールになり得る。 **事例 3** : machimori も最初の事業であるゲストハウスの「MARUYA」は DIY で施工された。様々な主体の参加をとおして建物や空間に愛着を持たせるきっかけをつくることができる。愛着が空間に宿ることで、より多くの関係者を巻き込むことが可能となり、まちづくりのエネルギーへと生かすことができる。

②小さな規模で始められる

　リノベーションは小規模かつ実験的に空間を改変していくことができるため、仮説検証を繰り返しながらプロジェクトを進めていくことができる。 **事例 1** : HAGISO は、現在のかたちになる以前は、学生のシェアハウスとして使われており、イベントを開催したことがきっかけで場の可能性に気づいたという。 **事例 5** : @カマタの活動も、高架下の開発にたどりつくまでに築 50 年以上の木造家屋の改修から始まり、徐々にスケールを大きくしていった経緯がある。このような小さな規模の取組みからアクションを起こしていくことができる点にリノベーションの良さがある。

③既存ストックをネットワークできる

　どの事例にも共通しているのが、まちに点在する既存ストックをネットワーク化できるという点である。リノベーションを小さく展開していくことで、それらを集積させ、関連づけていくことにより大きな変化を生み出すことができる。こうした点在型・ネットワーク型のまちづくりはリノベーションだからこそ可能な方法論であるし、時代の変化や状況の変化にフレキシブルに対応できるという利点がある。

　このようにリノベーションは、単に建物を修繕し改修するという次元を超えて、様々な人と協働し、まちに求められるプログラムやアクティビティを実現していく手法として捉えることができる。リノベーションに対するスキルや思考はこれからのまちづくりの担い手、そして建築の専門家に求められる基本的なものになるのではないだろうか。

4-2

グローカルな
近代建築の
保存活用活動が
まちを活かす

渡邉研司

> ハイカラな
> お店だろ？

> おじいちゃん
> ここで万年筆を
> もらったんだ

1 はじめに「保存の日常」を考える

　保存や修復を建築からではなく、もっと日常的な「モノ」として考えてみたい。おそらく人には大切にしている「モノ」が１つや２つ、いやそれ以上あると思われる。入学祝いにもらった父親が使っていた万年筆や時計、あるいは母親が愛用していたペンダントやピアノなど……。人間には「モノ」に執着する趣向があるが、それはお金で測ることのできない価値観であり、個人の記憶や感情すなわち存在的共感を有する物体である。

　もちろん、物理的な「モノ」としてではなく、その記録すなわち写真や絵画、文章という「モノ」も存在している。もしそれらの「モノ」が失われる、あいは壊れてしまったのであれば、全力でそれらを保存し、修繕し、維持しようとするはずである。この「モノ」を「建築」や「まち」そして「個人」を「公共」や「コミュニティ」に置き換えて考えれば、これからの豊かなまちづくりにとっての保存・修復の大切さがイメージでしやすいと思われる。

2 国際的な保存活動

2-1 同時代＝ 20 世紀の建築遺産

　一般に建築の保存や修復というと、いわゆる近代建築よりもっと古い建築やまちが対象であると考えるのではないだろうか。例えば世界で一番古いとされる木造建築は、ご存知のように奈良斑鳩にある法隆寺であるが、建てられたのは再建論争があるとはいえ、およそ 1400 年前であるし、他に世界遺産として思いつくのも、ほぼ 500 年以上経った建築やまち並みなどではないだろうか。しかしながら、近年、これまで歴史的建築物と見なされなかった 20 世紀の建築や都市計画が、20 世紀を象徴する文化遺産すなわち人類共通の資産として登録されるようになっている。

　近代建築の巨匠と言われるフランス人建築家ル・コルビュジエやアメリカ人建築家フランク・ロイド・ライトは、2 人とも日本人の建築家たちと共同して日本において建築を建てている。コルビュジエは東京都上野にある「国立西洋美術館」（図 1）、ライトは池袋にある「自由学園明日館」（図 2）と兵庫県芦屋にある「旧山邑邸」であり、いずれも彼らが関わった他のいくつかの建築とともに、世界文化遺産として登録されている。ちなみに 1 番若い、つまり建ってから日が浅い世界文化遺産は、オーストラリアのシドニーにある「シドニー・オペラハウス」であり、2021 年現在、人間でいうとまだ 50 歳にもなっていない。近代都市としては、1960 年にブラジルの首都として誕生したブラジ

図 1　国立西洋美術館（1959 年竣工）

図 2　自由学園明日館（1922 年竣工）

リアが 1987 年に世界文化遺産として登録されており、こちらはようやく還暦を迎えた。

2-2　リビングヘリテージとしての遺産

　このように、世界文化遺産といえども、現代に近い近代という時代に建てられた身の回りの建築や都市が今やその対象となっており、保存と修復が時間と空間における日常という意識なくしては、これからは成り立っていかないことを意味している。その意識のなかでも特に最近重要視されているのが「リビングヘリテージ（生きている遺産）」[*1]という考え方であり、記念碑的、博物館的な凍結的な残し方ではなく、時代にあった修復や改修を行い、必要とあらば、新しく付け足し（インターベンション）、これからもその建築やまちを使い続けていこうとするものである[*2]。

　このような考え方の基にある問題意識とは、多くの貴重な 20 世紀の近代建築が失われている現在、このままであれば、100 年後の未来の人たちが、世界遺産を選ぼうとしても、20 世紀の建築はほとんどない状態になるやもしれないという危機感である。つまり、最初に述べたように、20 世紀における私たちの「モノ」としての建築は、未来へと繋ぐ鎖が切られようとしている危機的な状態なのである。

　その鎖をつなぎとめるために、私たちは今、何をすれば良いのだろうか。保存や修復は、流行現象となっているリノベーションとともに、これまではおいそれと手がつけられないと思われいていた建築やまち並みに対して、もっと柔軟な（レジリエント）な取組みがなされようとしている。

2-3　グローバルな建築保存活動組織 DOCOMOMO の設立

　DOCOMOMO（Documentation and Conservation of buildings, sites and neighborhoods of Modern Movement ＝近代運動に関わる建築・都市環境の資料化と保存）は、上記で指摘した私たちが同時代と捉えている 20 世紀に建てられたいわゆるモダニズム建築や都市デザインの保存、記録調査を目的として、1988 年にオランダのアイントホーヘンで設立された。当時、オランダを含め、いわゆるモダニズム建築の流布に貢献していた欧

[*1]　建築や都市を生命体と考え、周囲の歴史的・地理的コンテクストを注意深くサーヴェイし、漸進的にゆっくりと環境と共存しながら「保存的外科手術」によって改変し、使い続けていくこと、すなわち「リビングヘリテージ」の考え方はおよそ 100 年前にスコットランドの生物学者、都市改革者のパトリック・ゲデス（1854 〜 1932 年）が提案していた。彼は、都市社会学という概念を提示し、スコットランドのエディンバラに都市学研究所を設立し、毎年サマースクールを開催して、都市環境への人々の意識を高めていった。

米諸国のモダニズム建築が、老朽化などで使われなくなったことから壊されたり、廃墟となっている状態が目立つようになっていた。

　モダニズム建築は、その理念であった機能主義（使いやすさと効率性）や合理主義（個人の趣味趣向、感情ではなく科学的な基準）に基づいており、すなわち、その機能の役割を終えたり、構造的、材料的な劣化と耐震性や耐火性への問題があれば（量的な判断基準）、それらは建築としての役目を終えていると判断され、およそ建設から 30 年から 50 年が経った 1970 年代後半から、世界各国で解体、改築されるようになったのである。この 20 世紀の文化としての建築の存在への危機意識が、DOCOMOMO 設立の契機となっている[3]。

　このように DOCOMOMO の設立は、全世界的に共通する問題すなわち「近代」という時代の思想や社会に基づいた価値観を考え直す現象＝ポストモダンの 1 つだと考えられる。DOCOMOMO はグローバルな組織で、現在世界 70 カ国と地域に広がった支部組織によって活動が行われている。無論、各国によってモダン・ムーブメント（近代運動）やモダニズム建築の定義が異なるため、DOCOMOMO が 1990 年の第 1 回アイントホーヘン大会と 2014 年の第 13 回ソウル大会で設定した「アイントホーヘン＝ソウル宣言」の理念を共有しながら、各支部が独自の活動を行なっている（図 3）。

---

1. モダン・ムーブメントの建築に関する重要性を、一般市民、行政当局、専門家、教育機関に広めること。
2. モダン・ムーブメントの建築作品の調査を進め、学術的価値を位置づけること。
3. モダン・ムーブメントの建築、環境群の保存とリユース（再利用）を推し進めること。
4. モダン・ムーブメントの貴重な建築作品の破壊と毀損に反対すること。
5. 保存とリユース（再利用）に対する適正な技術や手段の開発と専門知識の伝達を行うこと。
6. 保存とリユース（再利用）の調査のための基金の調達を図ること。
7. モダン・ムーブメントという過去の挑戦に基づいて形成された建築環境を、将来に継承すべく持続可能なものとして探求しながら、新しいアイデアを展開していくこと。

図3　アイントホーヘン＝ソウル宣言

＊2　19 世紀にイギリスでは産業革命の代償として多くの田園の風景などが失われようとしていたことを受けて、ジョン・ラスキンや弟子のウィリアム・モリスは著書などをとおして一般の人たちに時間を経過した「モノ」に対するリスペクトの精神の大切さを伝えた。ラスキンは「モノ」が有する唯一無比な特徴、すなわち「モノ」を生み出すのに従事した職人へのリスペクトが感じられない修復は、修復ではないとし、当時の建築家による既存のものとは異なるものにつくり変えてしまう手法に警鐘を鳴らした。

DOCOMOMO の活動は 2000 年代までは、それまでの歴史的建築物の保存において見られたような専門的でいくらか閉鎖的な性格を有していた。しかし、2010 年代からは、世界遺産の登録に関わるユネスコの専門諮問機関である ICOMOS（イコモス）の 20 世紀を対象とする専門委員会が、前述した「リビングヘリテージ」の概念を提唱したことによって、文化遺産を使い続けることの重要性が社会に広く伝わり、DOCOMOMO への活動にも影響を与えていった。その現れが、アイントホーヘン＝ソウル宣言にあるリユース（再利用）と持続可能性という概念である。これは 2014 年のソウル大会で改訂され、追加されたものである。つまり、DOCOMOMO 自体の活動が、学術的な研究機関としてのものから、保存の現場で設計実務を行う建築家や構造技術者や施工技術者、社会学者などが、モダニズム建築によって 20 世紀の暮らしの様子を未来に伝えるための、緩やかな保存＝活用を目指すものへと変化していることを示している。

3　日本における文化財保存の歴史と人材育成制度

3-1　近代化批判としての保存の意識
　建築やまち並みの景観が重要伝統建築物保存地区として指定され、保存修復されたのは、1976 年の秋田・角館、長野・妻籠宿、岐阜・白川郷、京都・祇園茶屋、山口・萩武家町（堀内地区と平安古地区）の 6 地区を始まりとする。まさにこの 1970 年代後半は、戦後からの高度経済成長下における急速な都市化の波が、地方へと押し寄せてきた時期であり、その破壊や開発に対する文化庁の危機感の現れと捉えることができる。また、伝統的な集落やまち並みだけでなく、1964 年の東京オリンピックの開催を契機に東京や大阪などで明治時代に建てられた洋館や様式建築などが解体され始めたことに対して、建築家の谷口吉郎と当時の名古屋鉄道会長の土川元夫が協力して貴重な文化遺産を愛知県犬山市の広大な敷地に移築し、保存する「明治村」を企画し、1965 年にオープンした。

3-2　保存から活用へ
　戦前からあった文化財の海外流出や廃仏毀釈などの危機から守るための学術的調査と

＊3　モダニズム建築の誕生は、既存の規則・様式や趣味趣向を反映した建築に対する反抗がその動機となっており、まだ構造方式や材料が実験的な段階であった。DOCOMOMO 設立のシンボルとなった、オランダのヒルベルサム郊外にある結核患者のための施設「ゾンネストラール サナトリウム」（1928 年竣工）は、医学の進歩によって機能自体が必要でなくなり、当時の新素材であった鉄筋コンクリートやスチールサッシュが劣化して、廃墟のような状態であった。

保存第一主義に基づくものとしての文化財保護法が、戦後の文化復興を推進するために、また近年盛んになってきているストック活用の潮流に影響を受け、文化財の魅力を社会に示すだけでなく、それらを積極的に活用していくという方向になってきている（図4）。

　活用には、（1）公開、（2）機能や用途の維持、（3）新しい機能や用途の付加の3つがあり、特に（3）にまちづくりや新しい建築のあり方の提案といった可能性があり、これからの文化財保存の活路であると思われる。

　2000年以降、文化財建造物の保護に関する課題が顕在化されてきた。すなわち、過疎化や、少子高齢化による管理者不在、さらに担い手の不足という社会的変化による問題である。また、制度的課題としては歴史的な建築物が現行法規に適応しない、いわゆる既存不適格の問題がある。これらの課題が顕在化されることで、文化的なまちづくりへ

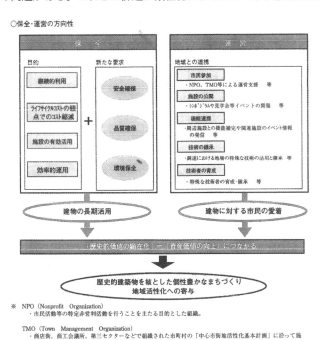

図4　公共建築物における保存・運営の方向性（出典：国土交通省大臣官房官庁営繕部建築課　文化庁文化財部営繕課監修、財団法人建築保全センター編集『公共建築物の保存・活用ガイドライン』大成出版社、2002年、p.13）

の展開が議論されはじめ、特に文化財を有する地域住民による文化への理解が深まり、まちづくりの核として文化財を活用しようという動きになっている(図5)。

また、これまで文化財は木造建築や民家などに限られていたが、その対象が近代建築まで広がることによって多様化し、工場や戦争遺産などの近代化遺産、日本独特の近代和風建築なども着目されている。これらの建築には近代以降の鉄骨、RC構造といった技術的進化が見られるが、既存不適格に対する制度的な規制緩和を適応させながら、耐震補強や耐火性能の増進などを行い、保存と活用の折り合いや調整が可能になってきた。

まとめると、現在の文化財保存は以下の4点を順守している。

(1) 活用に係る問題点と安全面での課題の把握とこれに対する解決策の提示。

(2) 建造物としての安全性の確保。

(3) 保存と活用の両立を図るための「守るべき事項の明確化」。

(4) 以上のための文化財として価値の所在を明らかにすること。すなわち、保存すべき箇所と改変が許容される箇所を明確にすること。

①歴史的評価	・建物の時代的特徴からみる先進性、成熟性、希少性、（学術的な位置付け） ・記念性
②文化的評価	・芸術性、鑑賞性、設計者の意図 ・地域文化への貢献
③まちづくり上の評価	・シンボル性（ランドマーク） ・アイデンティティの形成、地域振興 ・誘発性
④機能的評価（外部・屋内）	・建物位置、利便性 ・安全性（耐震・防災・防犯等） ・快適性、環境負荷、等
⑤経済的評価	・土地利用、施設利用状況 ・維持管理費、不動産価格、等 （および将来的な費用対効果の可能性）

図5 歴史的建築物の価値を引き出す5つの評価軸（出典：国土交通省大臣官房官庁営繕部建築課 文化庁文化財部営繕課監修、財団法人建築保全センター編集『公共建築物の保存・活用ガイドライン』大成出版社、2002年、p.39）

改めて考えてみると、この4点は通常の建築設計とそれほど変わることがないのではないだろうか。建物の安全性はいうまでもなく、特に公共建築や規模の大きな新築の建築物がどのような社会的役目を果たすのか、周辺環境との調整や環境問題への取組みをどのように考えるのか、すなわちその建築の価値がどこにあるのかなど、保存や活用に関わらずとも設計者として考えるのは当たり前の話である。無論、耐震技術や再生可能コンクリート、ダブルグレージングサッシ、コンクリート中性化への対応など、保存・再生においても時代の最新技術をとり入れることも検討されるべきである[*4]。

3-3 ヘリテージ・アーキテクトへの取組み

この動きに対応するように、日本建築家協会（JIA）や各建築士会などが建築物の保存や修復、活用への設計における技術的アドバイスが行える専門家であるヘリテージ・マネージャーやヘリテージ・アーキテクトの養成に取り組み始め、それまで一般的な建築の設計だけに関わってきた建築家や技術者が、自分たちの職能に対する考えを見直す機会もなっている。すなわち公共の福祉の精神を基盤として、歴史的価値のある建築物の保存や活用に対する新たな取組みの道が開かれようとしている。

3-4 DOCOMOMO Japan の設立とグローカルな近代建築保存活動

日本における DOCOMOMO の活動は、1998年に藤岡洋保（現東京工業大学名誉教授）を主査として、建築史研究者、JIA に所属する実務建築家など10名によって構成された日本建築学会の「DOCOMOMO 対応ワーキンググループ」に始まり、2000年に DOCOMOMO Japan として正式に活動開始した[*5]。最初の活動は、日本の重要な近代建築物を20件選定することで、そのなかには横浜市桜木町にある前川國男の設計による「神奈川県立図書館・音楽堂」（1954年竣工）が含まれていた。この建築は DOCOMOMOJapan の活動が始まる数年前から、まだ使われているにも関わらず、老朽化によって役目を終えたというモダニズム建築解体の論理によって、壊されようとしていた。当時から JIA に所属する建築家らが、この建築が市民に愛され続けられていることや、前川作品のな

＊4　DOCOMOMO Japan によって選定建築物として登録された建物のなかで、免震改修されたものは、外務省庁舎と国立西洋美術館、香川県庁舎、広島ピースセンターが公的な建築物として、山梨文化会館が民間の建築物として挙げられる。
＊5　筆者は1996年にスロバキアで開催された DOCOMOMO の国際会議に参加し、日本でも同じような活動が必要だと強く感じて DOCOMOMO の日本支部立ちあげに奔走した。

かでもコンサートホールとしての質の高さ、神奈川県の戦後復興の証であった文化的価値を訴えており、バブル崩壊による経済の落ち込みが保存にとっては幸いして、解体、新築という計画は一度立ち消えとなった。20選への選出を契機に、音楽堂では年に2回の建築的価値を一般に広く伝えるための建築内部の見学や建築の専門家によるセミナーや、音楽家による演奏会などのイベントが行われるようになった。2019年にはホール内及び全面駐車場部分の改修工事を完了し、今も地元住民に愛され続けている（図6）。

　また、前川國男に続くル・コルビュジエの日本人の弟子である、坂倉準三による鎌倉の「神奈川県立近代美術館」（1951年竣工）も「神奈川県立図書館・音楽堂」とともに20選に選ばれた。また、近代美術館で開催されたDOCOMOMO Japanによる展覧会「文化遺産としてのモダニズム建築　DOCOMOMO20展」を契機として、2001年に「近美100年の会」が有志によって結成され、竣工後50年を迎えてもなお、あと50年使い続けていくとした。近美100年の会によって見学会やシンポジウムを含めて多くのイベントが開催された。2003年には新しく同美術館「葉山館」がオープンし、2015年には旧本館はその役目を終えたが、20年間にわたる同美術館に対する多くの人たちの献身的な支援と協力によって、2019年に「鎌倉文華館　鶴岡ミュージアム」として再生し、2020

図6　改修後の神奈川県立音楽堂ホール内部

年には重要文化財に指定された（図7）。

　DOCOMOMO Japan では DOCOMOMO のアイントホーヘン＝ソウル宣言に沿うように、その活動に5つの柱を設けている。1つ目は、国内にあるモダニズム建築のリストアップを行い、そのなかから毎年10件前後を選定建築物として、建築物の歴史的、社会的、技術的、地域的価値を調査し、公表することである。この調査と公表は、建物がいざ解体されようとするときに、それらを保存し、再活用する上での大切な学術的な根拠となる。2つ目は、モダニズム建築物の解体等が発表された際、保存の要望書を作成し、再活用の指針などを提言することである。3つ目は、一般に対するモダニズム建築の重要性を広く伝えるためレクチャー、シンポジウム、見学会などを開催したり国際的な交流を実施することである（図8）。4つ目は、建築や都市計画における専門家、行政、施工技術者、社会学者などの広い領域のなかで、総合的に保存、再活用についての研究、調査を進めることである。5つ目は、これらの活動を若い世代に伝え、大学、専門学校などの専門教育機関での教育プログラムの設置はもとより、小中学高校における環境教育としての位置付けを行うことである（図9）。

　DOCOMOMO Japan の活動は、DOCOMOMO 自体の活動が持続可能社会の実現に呼

図7　鎌倉文華館　鶴岡ミュージアム

応するように Adaptable Reuse（適応的再利用）を掲げており、2019 年には、任意団体から一般社団法人に変わり、より社会的責任を有する組織として、多くのモダニズム建築を愛する人々とともに、活動を続けている。

4　まとめ　近代建築に対する共感と想像力の回復

　20 世紀に建てられた近代建築は、19 世紀までの建築の価値観とは異なった、人間にとってより快適で健康的で、身の丈にあった生活を安心して送り、将来の希望を育むことができるような建築空間を、世界中の人々が手軽に実現することにあった。現在失われようとしているモダニズム建築には、ル・コルビュジエやライトなどの巨匠が手がけたものだけでなく、数多くの建築家や技術者、工事施工者たちが、新たな建築に対する共感と想像力をもって命がけで取組んだ建築物が含まれている。私たちが行うべきことは、そのようなモダニズム建築に込められた共感と想像力にできるだけ光を当て、それがどのように建築に命を吹き込んでいるのかを明らかにし、私たちの時代の記憶として、そして私たち自身による共感と想像力によって、未来の世代につなげることである。

　時空を超えて私たちに訴えかける建築からの谺（こだま）に共振＝エンパシーを感じるのか、あるいは過去を消しながら、ただひたすら前を見て進むのか、その判断は、今を生きる私たち、特に若い世代にかかっている。未来に向かったまちづくりに関わる

図 8　近代建築保存の国際学生ワークショップ

図 9　自由学園明日館での見学会と専門家による講演会

「まちづくりファシリテーター」こそ、モダニズム建築の共感と想像力を自分たちのお宝として発掘し、その歴史的価値を議論しながら、それらをエンパシーによって、未来に継承する手法をつくり出す使命を有する職業だと言えるだろう。

保存と修復、地域のまちづくりにつなげて

大倉 宏

1 古い建築には価値がある

　まちづくりにおいて、古い建物を保存することを特別視する傾向が日本にはある。背景にはまちの再開発にエネルギーを傾けてきた近代全体の流れがあった。保存はまちの更新にブレーキをかけるものと見なされ、なかでも市街地の木造建築は、老朽化や耐火耐震性能などの問題があるとされてきたため、その価値を示さなければ、消えていってしまう状況がある。現在問題視される空き家の多くは古い木造建築である。老朽化は維持管理や必要な修理改修にかかる経費負担増から、経済的価値の低下とみなされるが、一方で古い建築であることは文化の観点からは高い価値を持つことを忘れてはならない。

2 建物保存の変遷──点から面へ

　文化財としての建築保存は、明治時代に古社寺の保護から始まった。現在の文化財保護法へ変化する過程で、保護の範囲は拡大し、1930年代以降には民家も文化財に指定されるようになるが、周辺の歴史的まち並みが再開発で姿を変えてしまうことが多かった。こうした変化を憂慮する声が上がるようになったのは、1960～70年代の高度経済成長期で、郷土のまち並み保存と、より良い生活環境づくりをめざす民間の全国組織「全国町並み保存連盟」が1974年に発足し、翌1975年に文化財保護法に「重要伝統的建造物群保存地区」（通称「重伝建」）が加えられた。重伝建制度は保護対象を点（建物単体）から面（まち並み）へとひろげた画期的法律である。しかし重伝建地区でも高齢化が進んで空き家が増加し、地区外にある古い価値ある建物が、制度上改修修理の補助対象とならないことから、保存が難しいことも問題になっている。1996年にできた登録文化財制度は、際立ったものを「指定」し保存する従来の制度では救えなかった古建築を、より幅広く守る目的で制定された。建物を大切に使い続けたいと考える所有者や居住者の意志を支援する制度だ。指定文化財に比べ経済的支援は少ないが、文化財となることで、建物を経済価値だけから見る周囲の目を変化させる効果が期待されている。

参考図書：大河直躬、三舩康道編著『歴史的遺産の保存・活用とまちづくり 改訂版』学芸出版社、2006年、pp.28-87

3 価値を未来へ伝えるために

　登録文化財制度は建築後 50 年以上の、当時の標準的建築や工作物にも文化財としての価値を認めた。資材や技術の流通が限られていた時代には、地域特有の産業、文化、気候風土に適合した技術、工法、様式が発達した。町家を例にとれば、城下町では京都型の様式が広がったが、そうでない都市では地域の固有の民家から発達した様式（在地型町家）が見られるなど多種多様である。古い建物に文化的価値があるのは、時代性とともに、その地域の歴史や特性を様々に表現しているからでもある。

4 まちづくりの担い手に求められること

　伝統建築は職人の技によってつくられ、維持管理されてきた。建築産業の工業化が進む現在、伝統技術の継承も難しくなっている。保存や修復に関わる場合は、地域の建築の歴史的、文化的価値を理解し、伝統技術を持つ人々に関わってもらうことで、価値を生かした改修にすることができる。一時的な効果だけでなく、過去を知り、後の時代も見据えた視点を持つことが重要である。古民家再生やリノベーションを手がける建築家が増加し、各地の建築士会ではヘリテージマネージャーを養成し、古い建物の価値を正しく理解する建築関係者も増えている。古建築に関わる民間組織も様々ある。景観法、重要文化的景観、歴史まちづくり法など古い建物の保存にも関わる法律も 2000 年代に相次いで制定された。歴史的建築の価値を理解し、未来へ伝える意味は大きい。目に見える本物の歴史（再現されたり、フェイクではないもの）がまちの奥行きを深くし、魅力を深めるのである。

名古屋市緑区有松町の歴史的まち並み（重要伝統的建造物群保存地区）　町家を改装した店舗（画廊・新潟市）

4-3

適切な
インスペクションによる
耐震・不燃化が
まちの寿命も
更新する

向田良文

1 インスペクションとは何か？

インスペクション（Inspection）とは第三者の専門家が実物の品質や実態を検査、診断することである。品質管理、将来のリスク回避を主な目的とする。その担い手には経験や知識に基づく高い専門性と客観性、第三者としての倫理観が求められる。建物を対象としたインスペクションの多くは新築住宅の引渡し時や中古住宅売買時の検査、診断として実施されており、新築住宅は品質の確保、中古住宅は劣化等の現況を把握することを主な目的に、建築士など専門家が第三者として検査を行う。ここで、良質な住宅で安心して住み続けられるように、建築に関してあまり知識や経験を持たない一般の当事者にアドバイスすることが重要で、診断項目に建物の敷地や周辺地域の状況を含めることで災害に対するリスクヘッジが期待できる。建物や敷地はその所有者、管理者など当事者の責任において維持管理されるため、現況を把握し将来に渡ってメンテナンスや住まい方の工夫を継続することは良質なまちづくりにもつながる。また、住宅以外の既存建物の維持管理においてもインスペクションは有効な手段で、目視主体の検査、診断の「一次的インスペクション」、建物の一部解体を伴う劣化状況の詳細調査などの「二次的イン

スペクション」、耐震補強や用途変更など改修工事を前提とした「性能向上インスペクション」などに大別される。目的に応じて様々な調査、検査、診断が想定される。

2 建物を対象としたインスペクションの背景──耐震化と不燃化

　明治から大正にかけての無秩序な市街地拡大に伴い 1919 年に包括的な基準を定めた市街地建築物法が成立、1950 年制定の建築基準法に引き継がれた。建築基準法は日本全国に適用される最低限の建築基準を規定している。制定後も震災、大火、技術の開発などを契機に内容が見直され改正を重ねて今日に至っている。高度経済成長を経て各地で都市化が進行し、既成の市街地ではより高密化が進み、完成した年代も遵守した基準もばらばらな建物が混在する一見雑然としたまち並みが成立した。

　そのような状況で 1995 年に起きた阪神・淡路大震災は建築や都市の大きな転換点となった。死者の 8 割以上が建物倒壊による圧死で、倒壊した建物の多くは新耐震基準を満たさない 1981 年以前の建物であった。新耐震基準を満たした建物でも被害は報告され、個々の建物性能にばらつきがあることが認識された。また、密集市街地で発生した火災は被害を大きくした要因の 1 つであり、この震災を経験して既存建物の耐震化、密集市街地の不燃化、都市の防災・減災が重要な課題となった。2000 年に住宅の品質確保の促進等に関する法律（品確法）が施行され、個々の住宅の性能や現況を明確にし、取得者がそれを選択できる流れをつくった。

2-1 耐震化の取組み

　1995 年の建築物の耐震改修の促進に関する法律（耐震改修促進法）制定後、各自治体で耐震診断、耐震補強工事などに助成制度が設けられた。国土交通省の資料では 2018 年の住宅全体の耐震化率は約 87％で、共同住宅が約 94％に対して戸建て住宅は約 81％に留まる。一定規模の学校、病院、百貨店など多数の者が利用する建物では約 89％と発表されている[1]。地震で建物が倒壊しないこと、地域のインフラが機能しているとは、安心安全な生活を担保するためまちづくりとしても重要な要素となる。

---

[1]　国土交通省『「住宅・建築物の耐震化率の推計方法及び目標について」住宅・建築物の耐震化率のフォローアップのあり方に関する研究会とりまとめ参考資料』2020 年 5 月、p.7 及び p.9

① RC 壁増設補強
柱梁にアンカーを打ち、スパイラル筋、壁筋を配筋後にコンクリート打設

② RC 柱鋼板補強
既存柱を鋼板で囲み溶接し、柱と鋼板の隙間にモルタルを充填

③ 鉄骨造ブレース補強
鉄骨造既存建物にブレース補強

④ 鉄骨ブレース補強
柱梁にアンカーを打ちスタッドボルトで鉄骨フレームを固定しブレース設置

⑤ 鉄骨ブレース補強（接着工法）
病院など音を出せない現場でアンカーを打たずに柱梁にフレームを接着する

⑥ 制振ブレース補強
柱梁に固定した鉄骨フレームにエネルギーを吸収する制振ダンパーを設置

⑦ 免震レトロフィット
既存建物上部構造はそのままで、柱脚に免震装置を新設して地震力を減衰させる工法。建物を仮設ジャッキで持ち上げ既存柱を切断、免震装置を挟み込む

⑧ 木造ブレース補強
既存の雰囲気を残し開口を塞がない木造の補強例

⑨ 木造住宅の耐力壁による補強【補強前】
木造住宅は新耐震基準でも 2000 年以前に完成した建物では耐力壁の偏りが問題となる事例がある。開口を縮小して面材（構造用合板）耐力壁を新設、外壁木ずり下地を面材耐力壁に変更した補強例

⑩ 木造住宅の耐力壁による補強【補強後】

⑪ 柱脚・筋交い金物補強
筋交いと柱、梁との接合が釘打ちの場合は金物補強が必要

図 1　耐震補強の実例（撮影：①〜⑧：村岡久和、⑨〜⑪：河原典子）

既存建物の耐震診断、改修工事には現況の建物の詳細な調査が不可欠となる。当初設計図及び構造計算書の確認、設備の状況、増改築の履歴や建物の劣化状況の確認、建物を稼働しながら工事する等の制約条件など、調査、設計、施工の総合力が問われる。建物所有者、占有者など当事者とのコミュニケーションが良い結果を得る鍵となる（図1）。

2-2　不燃化の取組み

　不燃化率、避難困難性など一定の基準により国土交通省が「地震時に極めて危険な密集市街地」として公表している地区が、東京都と大阪府を中心に全国に分布している*2。その多くは狭い道路に古い木造建物が密集したいわゆる「木密地域」で、不燃化重点地区などに指定して既存建物の除去、耐火、準耐火建築物への建て替え費用などの助成制度や、建て替え後の固定資産税、都市計画税の減免制度を設けている自治体もある。

　都市の不燃化は地域単位でまちづくりとして取組むことが重要である。自治体と住民が当事者としてかかわり、地域の災害リスクなどを共有し安心安全を担保し、持続可能で暮らしやすい環境を創出することが望まれる（図2、3）。既存建物は建て替えだけが答

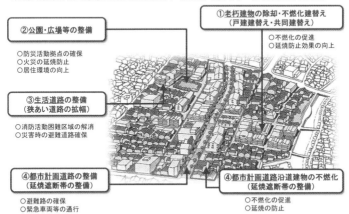

図2　木造住宅密集地域の改善の具体的な取組み内容の例（出典：東京都都市整備局『見える化改革報告書「防災まちづくり」』2017年）

*2　東京都都市整備局『見える化改革報告書「防災まちづくり」』2017年、p.76

えでなく、劣化を含めた調査、診断をとおして再評価し活かすことも想定される。広い見識を持った建築・まちづくりの専門家が、当事者間の意見を調整し、まとめるアドバイザーとしてかかわると良いだろう。第三者として地域の実情を適切に見極めまちづくりに活かすファシリテート業務は、広い意味でインスペクションと言える。

3 インスペクションの実際

　建築基準法第12条に、指定された規模、用途の建物において資格者が定期調査、点検を行い特定行政庁へ報告する規定があるが、小規模な建物、一戸建て住宅等には具体的な調査、点検の規定はなかった。2000年の品確法に住宅性能表示制度が規定され、既存住宅に現況調査が位置づけられた。2013年に国土交通省が「既存住宅インスペクション・ガイドライン」を策定、2018年に施行された改正宅地建物取引業法で「建物状況調査」を規定して「既存住宅状況調査技術者」の資格が設けられた。一般的にこの「建物状況調査」を「インスペクション」と呼び、中古住宅売買時などに普及しつつある。

　具体的には、構造耐力上主要な部分（基礎、柱、梁等）及び、雨水の浸入を防止する部分（屋根、外壁等）の劣化の有無を国土交通省の規定に沿って目視、計測等により調査、診断する。これらの制度や規定に沿った調査、点検は「一次的インスペクション」に該当する。項目を絞り調査費を抑えることで広く普及させることを目指し、その結果良質な建物を増やすこと、所有者の財産及び社会資本の維持を目的とする。実際は事前

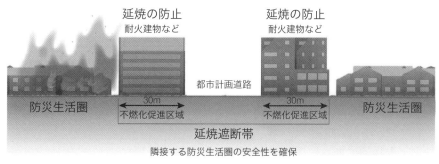

図3　延焼遮断帯のイメージ（出典：東京都都市整備局HP「都市不燃化促進事業」（https://www.toshiseibi.metro.tokyo.lg.jp/bosai/sokushin/toshi_sokushinjigyo.html））

に依頼者と話し合うことで調査項目を増やすなど個々の建物に応じた調査、診断を設定することが望ましい。建物の所有者、管理者が建物の状況を把握し当事者として適切に維持管理できるように、調査者は第三者の立場で調査、診断を行い、客観的にわかりやすく報告する必要がある。その結果を踏まえた詳細調査や改修計画策定などが既存建物を有効に活かすことになり、敷地周辺のまちづくりにもつながる。

4　一次的インスペクションの方法

調査項目の如何に関わらず、事前に図面など入手可能な資料で建物の竣工時期や仕様を確認する。また、国土地理院の地形分類図、自治体作成のハザードマップなどを利用して敷地周囲のリスクを可能な限り把握する。現地で直接建物を目視及び簡単な計測等で調査、診断する一次的インスペクションであっても、事前に可能な限りの情報を得ておくことは現地で建物の状況を見極めるため、また依頼者に客観的に状況を説明するために有効な手掛かりとなることが多い。

建物の構造を問わず、雨漏り、結露、設備配管の水漏れなど継続的に水分や湿気が供給される状態は建物の躯体の劣化を進行させる可能性がある。コンクリートのかぶり不足、ジャンカなどの施工不良も躯体の劣化を進行させる要因となるため、すでに進行している躯体などの劣化を指摘するだけでなく、リスクがある状態やその兆しを見極めて指摘することも大切である。外部で基礎や外壁のひび割れ、軒裏の染み、バルコニーのぐらつき、屋根仕上げ材の欠損などの劣化事象を確認すると、内部でも壁や天井にひび割れや染みを確認する場合があり、劣化事象を関連付けて観察することが状況を見極める手掛かりとなる（図 4、5）。調査者は知識と経験に基づく推測力、想像力を最大限に生かして建物と向き合うことが必要である。

一戸建て住宅の「建物状況調査」の基準では屋根裏、床下は点検口から覗いて目視できた範囲に劣化事象がないことを確認することで足りるが、屋根裏、床下に進入してそれ以外の範囲も直接目視確認したほうがより正確に状況を把握できる。調査当日の建物内外の状況を依頼者に説明し了承を得ることで、進入調査の実施を当日判断することも

あり得る。床下点検口の設置がない場合床下の状況は目視できないが、基礎立ち上りに床下換気口の設置があれば、カメラを換気口に押し当てて床下の状況を写真撮影することができる場合もある。屋根の状況が地上から目視できない場合は、バルコニーや最上階の窓から自撮り棒などを利用して動画や写真を撮影することで確認できることがある。

①屋根裏の目視確認
脚立に乗って懐中電灯で屋根裏を照射

②屋根裏の目視確認
雨漏り、結露の有無、断熱材、換気口など。進入して調査することが望ましい

③木材含水率確認
屋根裏で木材含水率を測定

④柱、壁、床の傾斜確認
レーザーを使って傾斜を測定

⑤柱の傾斜確認
レーザーを使って柱の傾斜を測定

⑥階段段板の傾斜確認
水平器を使って階段段板の傾斜を測定

⑦床下の目視確認1
点検口から懐中電灯で床下を照射

⑧床下の目視確認2
水染み跡、白蟻、ひび割れ、断熱材など。進入して調査することが望ましい

⑨基礎のひび割れ幅確認
クラックスケールでひび割れ幅を計測

図4　木造住宅の一次的インスペクションの様子（写真提供：さくら事務所（https://www.sakurajimusyo.com/））

一次的インスペクションの主要な目的は建物の劣化状況を見極めることである。中古住宅売買時のインスペクションは、短時間で既存建物の状況を依頼者に報告することが求められる。しかし良質な建物を増やすためには、将来に渡り既存建物をどのように維持管理するかが大切なことである。調査者は依頼者とコミュニケーションを図り、個々

①屋上の目視確認
アスファルト防水押えコンクリートの状況

②屋上の目視確認1
シート防水立上りのシーリングの破断。最上階で雨漏り跡を確認

③屋上の目視確認2
屋上ドレン回りのシート防水の破れ

④外壁タイルの打診
打診棒にて浮き、ひび割れの有無を確認

⑤外壁の目視確認
ひび割れ、サッシ回りシーリングの破断。内部の壁で雨漏り跡を確認

⑥内部壁、天井の目視確認
雨漏りによる染みを確認

⑦常閉防火設備の閉じ力の測定
プッシュプルゲージにて150N以下を確認

⑧排煙口の作動確認
手動開放ボタンを押して作動状況を確認

⑨非常用照明器具の点灯確認
非常用照明器具の設置状況と点灯を確認

図5　コンクリート系建物の一次的インスペクションの様子（写真提供：デザインタック）

の状況や目的に応じた維持管理の方法などをアドバイスすることが大切である。建物所有者や管理者が当事者として建物を維持管理する手助けをすることが最も重要な目的である。

　劣化状況だけでなく、法適合の状況、設備の状況、建物の性能や使い勝手の状況など多岐に渡る調査を行うことも想定される。建築基準法第 12 条に規定された定期調査、検査は対象建物の内外及び敷地について劣化状況、法適合の状況を調査報告することで、建物所有者や管理者が適切に維持管理、保全することを手助けするものである。

　住宅に限らず様々な建物で広く一次的インスペクションが普及することが望まれる。

5　二次的インスペクション・機能向上インスペクション

　一次的インスペクションで建物内部の壁、天井に著しい染みがあるなど継続的な雨漏りの可能性が指摘される、蟻道や蟻土など白蟻の侵入の痕跡が確認されるなどした場合、目視だけでは状況を把握できない場合がある。躯体劣化の原因やリスクを特定し、現状の劣化の範囲、程度を把握するために内壁の一部を解体して詳細な調査を行うなど、解体を伴う調査が「二次的インスペクション」に該当する。劣化の状況をより正確に把握することで修繕の範囲や方法を見極める。改修工事などの計画策定の根拠を示すことが主な目的となる。耐震診断も二次的インスペクションに分類される。解体費用が発生し改修工事が前提となる場合がほとんどで、所有者や管理者に対して客観的でより丁寧な説明や報告が必要となる。調査者は改修工事の設計者となり得る状況にあるため、契約等で立ち位置を明確にしておくことが大切である。また、耐震補強、用途変更、増築、減築など改修設計に係る具体的な現地調査は「機能向上インスペクション」に分類される。設計者として調査を行うことがほとんどで、改修工事での仕様の変更や、手戻りなどによる工程の変更などを極力防ぐために広い見地で現場を調査することが重要となる。

6　インスペクションの実施における留意点

　設計当初の図面や仕様書が保管されていない場合がある。保管されていても図面と現

地が必ずしも同じとは限らない。調査する目的を明確にして写真撮影や現地での記録を行い、情報を整理することが重要である。建築年がわかれば当時の基準を参考に推測ができる。現状に即した図面を書き起こす場合もあり、常にスケールを意識して現地を見る姿勢が重要となる。検査済証がない建物で増築、用途変更などの要望があれば、法適合状況調査が必要となる場合がある。床下、屋根裏、天井裏などのから得られる情報は、防耐火、断熱、設備配管、ダクトのルートや材質など建物の性能に係ることが多いため慎重に見極めて記録を行う。既存図面との照合も大切である。アンカーを打つ場合は埋設配管に注意する。レントゲン調査を行うこともある。建物の年代によってはアスベストが含まれる材料があるため注意が必要である。木材の腐朽、金属の腐食、コンクリートのひび割れ、ジャンカ、欠損、鉄筋の露出、さび汁など劣化がある場合はその範囲を見極めること、修繕や性能向上のための解体範囲、工事範囲を常に頭に入れておく必要がある。改修工事では何を残してどのように再利用するかを見極めることが工事費をコントロールするための重要な要素となる。また、建物を使用しながら改修工事を行う事例も多く、工法、工事手順を明確にして建物管理者などとの綿密な調整が必要となる。

　既存建物を活かすまちづくりが求められている今、インスペクションの重要度も増している。今後、まちを診る専門家としての建築士が広く活躍していくだろう。

7　まとめ

　これからのまちづくりには、既存建物を適切に評価して活かすことが求められている。建物の所有者や管理者などの当事者が建物の現況を把握して今後の維持管理の方向性を見極めることは、既存建物を活かすためにとても重要である。専門家が目的に応じて現況を調査診断するインスペクションは、当事者が方向性を見極めるための手助けとなり、コンサルティングを含めた業務として普及することが望まれる。今後、まちを診る専門家としての建築士が広く活躍していくだろう。

4-4

事前復興まちづくりで「くらしとまちの継続」を考える

市古太郎

1　自然災害と「くらしとまち」の持続可能性

　近年、持続可能性の視点から、環境負荷低減型の建築がますます求められるようになっている。持続可能性は、将来にわたり地球環境が保全される範囲内の開発をデザインするという視点に加え、すでに生じている気候変動により、広域化・激甚化する気象災害、及び東日本大震災のような巨大地震に対し、持続する「くらしとまち」をデザインするという視点もある。つまり、自然災害という外力に耐える建築・まちをつくることに加えて、被害が生じてもすみやかに「くらし」の回復ができる建築・まちをデザインする視点である。

　本稿では、自然災害に対して持続可能な建築・まちをデザインしていく基本の考え方を押さえた上で、「くらしとまちの継続」を目標とする「事前復興まちづくり」の取組みを東京都豊島区の事例をとおして解説する。

2　くらしとまちの持続を考えるための災害フェーズ論

　まず建築分野に限らず、広義の災害対策で用いられる4つの対策フェーズに触れてお

く。これにより被害最小化を図る事前予防型の防災まちづくりの体系、及び被害が生じることを受け止め、発災後の回復プログラムを発災前から検討する事前復興まちづくりの一体的な理解が容易となる。

　図1は米国危機管理庁（FEMA）が定義する4つの災害対応過程である。災害発生（Hazard Event）を契機とし、Response（緊急対応）、Recovery（復旧復興）、Mitigation（被害軽減）、Preparedness（事前準備）の4つにフェーズ区分されている。発災直後の救出・救助や避難行動を中心とした緊急対応、その後の避難生活と電気水道ガスといったライフライン復旧を経て、生活回復を図る復旧対応、そして原形復旧でなく、災害被害を繰り返さず、従前より機能向上を図る「復興まちづくり」が営まれる。また Mitigation（被害軽減）とは、一つひとつの建築の耐震化・耐火化・耐水化に加えて、まちのなかで安全な避難場所を確保したり、予測される洪水・津波といった自然災害ハザードに耐えるための建築とまちが一体となった都市開発を指し、同時に各家庭や学校では、備蓄活動や防災訓練などの発災対応準備（Preparedness）が取り組まれていく。

　そして図1の災害対応過程は、4つにフェーズ区分されると同時に、これらが関連しあ

Response（緊急対応）、Recovery（復旧復興）：事前復興まちづくり

The significance of the emergency management cycle is that all communities are in at least one phase of emergency management at any time.

図1　4つの災害対応過程
（出典：FEMA "The EOC's Role in Community Preparedness, Response and Recovery Activities, is 275" 1995 より作成）

って推移していくモデルでもある。つまり平時からの事前準備があってこそ、非常時の緊急対応が可能となり、そして「生命と身体」を守り「避難生活」を確保するという緊急対応に成功できてこそ、スムースな復旧復興に被災コミュニティが向き合っていける。さらに復興まちづくりは、被害を繰り返さない建築・まちをつくる平時の被害軽減につながっていくという、数十年から百年規模のサイクルが想定されている。

3　木造住宅密集地域のリスクと東京の防災都市づくり

災害被害最小化を目指す都市計画・まちづくりの方法は、4つのフェーズ区分のなかでMitigation（被害軽減）の領域に位置する。本稿ではまず、M7級首都直下地震を対象とした東京での計画・事業の系譜を見ていこう。

3-1　震災リスクとしての木造住宅密集地域

図2は東京都が5年ごとに調査公表する木造住宅密集地域の判定結果（2016年）である。大田、品川、目黒、杉並、中野、練馬、豊島、板橋、北、荒川、足立、葛飾、墨田、江戸川と山手線を取り囲むように周辺区部で木造住宅密集地域が広がり、また多摩市部においても部分的に存在している。

木造住宅密集地域の震災リスクとは何か。それは地震動による建物倒壊リスクと地震

図2　東京における木造住宅密集地域（出典：東京都『防災都市づくり推進計画』2016年）

延焼火災による焼失リスクである。阪神・淡路大震災では揺れによる住家全壊 104,906 棟、火災による全焼 7,036 棟（70 ha）の被害が生じた。2012 年 4 月に東京都が公表した M7.3 東京湾北部地震の被害想定では、地震動による住家全壊被害約 116,200 棟、火災被害約 188,100 棟（冬の夕方 6 時、風速 8m/s）と想定されている。木造住宅密集地域は、道路や公園といった避難空間が相対的に見て少なく、地震大火時の避難リスクが高い地域でもある。

3-2　都市防災構造化計画（1960 年代〜）

　現在につながる東京の防災都市づくりは、1964 年東京オリンピック前後で検討が本格化、1969 年に江東デルタを対象に広域防災拠点を創出する江東再開発基本構想が公表される。図 3 はこの構想に基づき整備された白鬚東広域防災拠点である。隅田川沿いの広域避難場所確保に加え、墨田区北部の木造住宅密集地域で地震延焼火災が発生した際、広幅員道路と高層集合住宅で火炎と輻射熱を遮断する「延焼遮断帯」が整備されている。もともと白鬚東地区は隅田川近くまで木造密集市街地が広がっていたが、都市再開発事業により、これら木造住家が撤去され、オープンスペースを整備し、従前居住者には高層住宅が提供された。つまり「生命と身体」を守るために、大きくまちがつくり変えられたのである。

図 3　白鬚東広域防災拠点（出典：（左）東京都『Planning of Tokyo』2008 年、（右）全国市街地再開発協会『日本の都市再開発第 2 集』1986 年、p.247 より作成）

その後、区部東部の江東デルタ地域だけでなく、東京区部全体に延焼遮断帯を配置し、まちからまちへ火を燃え移らせなくする「都市防災構造化計画」が提案され、都市計画事業として整備が進められていく。

3-3　防災まちづくり（1980年代〜）

　広域防災拠点は1980年代に入って概成していく。そしてその後、木造住宅密集地域の焼失リスクそのものを低減させる「防災まちづくり」がスタートしていく。言い換えれば、都市防災構造化計画は、木造住宅密集地域そのものを対象としたMitigation（事前被害軽減対策）の取組みではなかった。

　延焼火災時の焼失リスクを下げる「防災まちづくり」は地域住民の主体的な参画を基本とする「遠くに逃げなくてすむまち」と「共助の力が発揮できるまち」を目標とする地域コミュニティが主体となった取組みである。

　図4は豊島区東池袋四五丁目地区で1986年に策定された防災まちづくり計画である（1-1「都市計画の変遷と参加型まちづくりの発展」（pp.20-21）の墨田区京島地区の計画と共通の計画思想をもつ）。計画の柱として、道路、公園、住宅、商店街を、言い換えれば、みち、いえ、ひろば、おみせの4つの柱が表現されている。そしてその計画内容

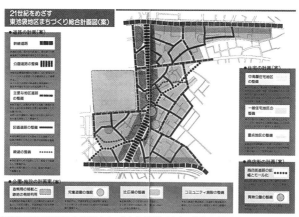

図4　豊島区東池袋四五丁目地区の防災まちづくり計画（出典：豊島区『東池袋地区まちづくり総合計画』1986年）

は、現況道路拡幅を基本とした道路網計画、まち並みにマッチした低中層集合住宅といった既存のまちの風景の価値を継承した「修復型」の計画論となっている。

　防災まちづくりでは、地域住民と行政及び専門家を構成員とする「まちづくり協議会」が設置され、会議形式だけでなく、まち点検といったワークショップ手法を用いながら「防災まちづくり計画」が策定される。また計画策定後も、施設デザイン検討結果や整備状況等の報告共有、まちづくりニュース発行等の活動が継続する。また整備進捗を踏まえ、創出された防災生活道路や防災ひろばを活用した地域防災訓練も実施されている。

　幅員6mの生活道路整備や100㎡程度の小公園は、それだけで延焼抑止効果が期待できるものではなく、ご近所同士の安否確認、救出救助、初期消火など災害時に住民自らが活動する「共助空間」確保を意味している。広域防災拠点のように「逃げ込む」ことでいのちを守ろうとするのでなく、安否確認やまちの外への避難判断など、まちなかの防災施設を住民自ら使いこなすことで「いのちとまち」を守る、いわばハードの空間施設整備とソフトの地域防災活動の緊密な連携を条件とした計画論である。

3-4　木密防災まちづくりが目指した生活空間像

　図5はUR都市再生機構による防災まちづくりの空間像である。街路樹のある防災生

図5　修復型防災まちづくりによるまちの将来像（出典：UR都市再生機構『次世代型住宅市街地の創生に向けて』2007年）

活道路、防災生活道路沿いの低中層集合住宅、そして子どもたちの広場が描かれる。み
ち、すまい、ひろばのデザイン提案であり、まちの防災性能に寄与するまち施設である。
そして子育て中の世帯は、都内で一定規模の集合住宅が確保でき、まちなかに緑と広場
のあるこの絵の風景を見て、ここで子育てをしてみてもいいかな、と感じるのではない
だろうか。「防災まちづくり」を出発点としつつも、改善された空間は「防災性能が高いか
ら良い」のではなく「子育てをするまちとして魅力がある」空間になっているのである。

　以上、1960 年代以降、Mitigation（被害軽減）の視点から体系化された都市防災計画
と防災まちづくりを見てきた。改めて建築の視点から考えると、延焼リスクは周辺の建
造環境に依る面が強く、敷地-建築の工夫で地震時リスクを低減するには限界がある。
その一方、建築や広場のデザインにより、建物倒壊による道路閉塞リスク低減や、安否
確認のための空間創出につながるなど、まちの防災性能向上に貢献しうること、いわば
建築とまちの相互作用関係があることがわかる。この相互作用をいかに良いものにして
いくか、それが「まちづくり」の意義とも言える。

4　Response（緊急対応）、Recovery（復旧復興）：事前復興まちづくり

　前節で述べてきたように、1960 年代後半から Mitigation、つまり都市防災施設を整備
することで被害最小化をめざす都市計画・まちづくりが展開していった。しかしこの取
組みは 1995 年阪神・淡路大震災で大きな転機を迎える。「被害ゼロ」を目指す、事前予
防型の都市防災計画・防災まちづくりだけでなく、「被害はゼロにはできない」という
現実を受け入れつつ、被害が生じても、すみやかに、しなやかに回復できるプログラム
を策定しておこうという「事前復興まちづくり」が開始されたのである。Mitigation を土
台としつつ、Response（緊急対応）と Recovery（復旧復興）を平時からカバーする取
組みと言える。

　事前復興まちづくりでは、住民参加のまちづくりワークショップ手法をフル活用して
〈事前〉復興まちづくり計画が策定される[1,2]。この事例として 2018 年に豊島区南長崎四
五六丁目地区で連続 4 回にわたり実施された震災復興まちづくり訓練を見ていこう。

＊ 1　市古太郎「事前復興まちづくりの現在」『日本不動産学会誌　特集 東日本大震災 5 周年』（No.115、Vol.29、No.4）、
　　　2016 年、pp.54-60
＊ 2　市古太郎「事前復興まちづくり－東京木密地域での全面展開から見えてきたこと－」『造景』建築資料研究社、
　　　2019 年、pp.88-93

4-1 豊島区南長崎での防災まちづくり

　豊島区長崎地区は、1923年の関東大震災を契機に市街地化が本格化、その後1930年代に耕地整理事業が実施され幅員6m道路で町割りが形成された。耕地整理事業で創出された街区規模は大きく、敷地分割によって街区内部に接道不良宅地が徐々に生じ、不燃領域率を中心とした指標から木造住宅密集地域に判定されていた。

　1995年阪神・淡路大震災発生の少し前から防災まちづくり検討が進められていたが、1996年東京都防災都市づくり推進計画で「整備地域」に指定され、2005年度まで居住環境整備事業が実施された。いったん事業は終了となるが、東日本大震災後の2012年、東京都の「不燃化特区」に指定され、防災まちづくり事業が再促進されている。

　南長崎での防災まちづくり成果として「南長崎はらっぱ公園」がある。区民プールもあった西椎名町公園の再整備事業である。1999年度から地域主体で「南長崎四五六丁目防災まちづくりの会」が設置され、公園の再整備プランを提案、2008年度に再整備工事開始、2010年7月の南長崎はらっぱ公園オープン後は「南長崎はらっぱ公園を育てる会」が発足し、地域住民による公園の管理運営が行われている。

4-2　震災復興まちづくり訓練のプログラム

　豊島区の震災復興まちづくり訓練は、区役所が地域自治組織に打診し、学校保護者会、区民ひろば（2006年に制定された「豊島区地域区民ひろば条例」に基づき、自主運営方式をとる地域コミュニティの活性化拠点）のコミュニティ・ソーシャルワーカー（CSW）、地域の子育てサークル、児童・障害者・高齢者福祉施設等に参加を相談、区内で活躍する専門家も加わって、約50人の参加者で実施された。

　表1は南長崎四五六丁目地区での震災復興まちづくり訓練の全体プログラムである。第1回は参加者が班ごとに「まち点検」を行い、ブロック塀といった被害不安要素を共有すると同時に、安否確認場所となる広場、水確保の井戸といった防災資源、また路地や坂、神社など、まちの復興を考えるための資源を写真に収め、点検マップを作成することで、まちの被害イメージと復興課題が考察されている。

第2回はまち点検結果を基に、大学チームで復興訓練用被害シナリオを作成、地域の生活回復シナリオを「被災生活問題解決トレーニング」により検討した。この「被災生活問題解決トレーニング」は事前復興まちづくりの主要な手法の1つで、家族構成・住まい現況・家族の仕事・地域との関わりを設定した「世帯ロールカード」にファシリテーターより「全壊／半壊」といった住家被害を割り当て、地域参加者と専門家がペアとなって、くらしとすまいの再建策を検討、その後、グループの他ペアの検討結果を共有して、再建プロセスを学び、評価する手法である。そして第3回訓練では、区役所が「復興まちづくり方針＜たたき台＞」を提案、グループトークをとおして「計画案に対する地域からの意見書」をつくった。その後、区役所事務局で意見書を検討し、第4回訓練では、意見書が反映された「復興まちづくり方針」が再提示され、最終的に復興まちづくりの手順や、復興なんでもサロンといった地域主体の復旧復興期の活動アイディアも盛り込んだ〈事前〉復興まちづくり計画が策定された。

表1　豊島区南長崎四五六丁目地区 震災復興まちづくり訓練（2018年）の開催経緯

回数とテーマ	訓練プログラム	訓練当日の様子
第 1 回（6/2） まちを歩いて被害をイメージする	訓練1: 震災リスクと復興資源まち歩き 訓練2: 点検結果まとめと復興課題共有	
第 2 回（7/21） 住まいや生活を確保し地域にとどまって復興する	説明: 被害想定推計結果 訓練1: 時限的市街地・仮住まい・復興拠点の確保検討 訓練2: 被災生活問題解決トレーニング	
第 3 回（9/29） 復興の進め方と復興まちづくり方針案を検討しよう	模擬説明会: 地区の復興まちづくり方針案＜たたき台＞ 訓練1: 復興まちづくり市場に買い物に行こう 訓練2: 南長崎456地区の事前復興対策をまとめよう	
第 4 回（11/17） 復興でも大丈夫な東池袋に向けて	訓練1: 震災復興なんでも相談会 報告: 復興まちづくり訓練経過と成果 訓練2: 震災に強い南長崎456地区に向けて 　　〜これからの課題を話そう〜	

4-3 〈事前〉復興まちづくり計画の編集内容と計画の意義

　表2は震災復興まちづくり訓練の成果としての〈事前〉復興まちづくり計画である。豊島区では 2020 年 3 月時点で区内 8 地区で復興まちづくり訓練を実施しているが、表 1 にあるように、〈事前〉復興まちづくり計画は、「I 空間計画としてのまちづくり方針」「II 時限的市街地方針」「III 地域主体の営み再建方針」の 3 つの柱で構成されている。南長崎四五六丁目地区でも、①駅前拠点の空間整備、歩行者視点のみちづくり、高齢者でも安心して生活できる集合住宅建設といったまちづくり方針、②前述した「南長崎はらっぱ公園」を対象としたデザインワークショップを行い、外からの資源も柔軟に受け入れながら「まちの復興本部」として機能させていく時限的市街地の方針、③ 3 つの自治

表2　南長崎四五六丁目地区復興訓練で編集提案された 〈事前〉復興訓練方針

計画方針 I: 空間計画としてのまちづくり方針	
復興目標：地域でつくるいきいき・あんしん・つ 　　　　　ながるまちづくり南長崎 　A. 駅前での再開発事業とにぎわい形成 　B. 主要生活道路 + 歩行者視点のみちづくり 　C. 公営 + 民間による集合住宅再建 　D. はらっぱ公園の利用と更新整備	
計画方針 II: 時限的市街地方針 **はらっぱ公園の震災時シークエンス** ・まちづくりとして確保整備してきた公園の発災直 　後からの利用デザイン ・<事前>復興まちづくり方針図への組込み	
計画方針 III: 地域主体の営み再建方針 ・公助の拠点としての救援センターと連携をとって 　はらっぱ公園の災害時活用を図っていきたい. ・3 町会を横串にする場が大事. 復興では子育て世 　代に集まってもらう. 地域とつながりのある社 　会福祉法人と連携. ・東長崎駅周辺のなじみのお店を大事にしたい.	

町会が連携して地域復興協議会を結成し、子育て世帯や地域の福祉作業所とも連携した「復興なんでもサロン」といった地域主体の営み活動方針によって構成された（図6）。

4-4　事前復興まちづくりから平時のまちづくりへのフィードバック

　事例を踏まえて、改めて事前から復興に備える意義、言い換えれば、Mitigation（事前被害軽減対策）だけでなく、Response（緊急対応）と Recovery（復旧復興）に平時から備えていくまちづくりの可能性について触れておきたい。

　全4回実施される復興まちづくり訓練は、発災から1週間後の復興まちづくりに向けた被害調査を模した第1回まち点検に始まり、最終回となる第4回で〈事前〉復興まちづくり計画が策定される。発災から6ヶ月間の地域住民と行政、専門家による協働復興のシミュレーションでもあった。例えば図6は南長崎四五六丁目地区のはらっぱ公園に対して、延焼シミュレーションを活用し、地震火災時の避難空間となることが確認された上で、避難生活と生活回復期の活用プログラムが編集されている。

　また第1回のまち点検では、はらっぱ公園に加えて、細街路拡幅や住宅の共同建替といった防災まちづくり事業成果が確認されるなど、事前復興まちづくりが、復興の「事前準備」に留まるものではなく、これまでの防災まちづくり成果を評価・共有し、さらに促進していくきっかけの場ともなっている。

　図7は2019年度、東池袋四五丁目地区の復興まちづくり訓練で提案された時限的市街

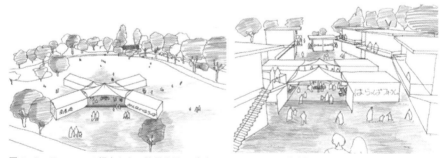

図6　Pre-Recovery の視点からの防災公園のデザインワークショップ（豊島区南長崎、2018 年）

地ビジョンである。東池袋では1980年代中盤から防災まちづくりが進められ、幅員6m
に拡幅整備された防災生活道路により、住家建替えも進みつつある。また整備された防
災小ひろばは、遊具などの老朽化による維持管理の課題はあるものの、井戸や防火水槽
などが「防災」を住民に意識させるだけでなく、季節の花や野菜を育てるといった、近
隣住民による主体的な管理もなされている。このような現況も踏まえ東池袋の提案では、
行政が先行買収した「まちづくり事業用地」を、平時においては子どもの遊び場として
低コストで活用し、そして発災時はくらしとまちの回復に資する「仮設空間」として役
立てていくプログラムとなっている。

　南長崎はらっぱ公園では、既存防災公園の災害時活用イメージの拡張提案であったが、
東池袋においては、まちのすきまやくうちに対して大災害からのくらしの回復に資する

図7　平時からの時限的市街地提案（東池袋、2019年）

図8　実寸シェルターワークショップ（練馬区貫井、八王子市上恩方）

機能を明確にし、その機能確保を前提とした平時のまちづくりデザイン提案がなされている。

さらに図8は時限的市街地に関する実寸シェルターワークショップの様子である。会場規模からくる参加定員の縛りもなく、小さい子どもを連れた親子が入れ替わり立ち替わり参加し、未就学児の保護者は、まだ子どもが通っていない小学校でなく、普段使いしている近所の公園が災害支援拠点になると心強い、と話してくれた。

5 防災を切口とした多様なまちづくりのアプローチ

本稿は自然災害発生時の「くらしとまち」の持続可能性という視点から、首都直下型地震への対策を対象に、くらしとまちが地震外力から受ける被害影響を小さくする都市防災・防災まちづくり、そして「くらしのまちの継続」を目指し、1995年阪神・淡路大震災を契機として開始された事前復興まちづくりを述べてきた。

また、それだけではなく、事前復興まちづくりは、既存防災公園の発災以降の活用ビジョン（南長崎はらっぱ公園）、災害時を意識したまちのすきま・くうちへの平時からの活用プログラム（東長崎地区）、実寸シェルター建築のデモンストレーション（練馬区貫井・八王子市上恩方）といった建築・ランドスケープのデザイン技法を市民に提起する場にもなっていた。

本稿で取り上げたフルスペックの事前復興まちづくりの実施は、人的・時間的コストも大きく、行政からのサポートがないと難しい面もあるかもしれない。しかし、市民の災害不安を和らげる建築をつくっていくため、敷地周辺の自然災害ハザード情報を集めると同時に、地域でどんな防災まちづくりが進められているか、近隣にはどんな防災資源が存在しているか、といったまちのスケールで敷地を調べることは、建築設計の大事なヒントになるであろう。ぜひ、仲間と相談しなら、できるところから、防災×建築まちづくりの活動に取り組んでみてほしい。

4-5

環境配慮型の建築づくりで市民とつながり地域のリテラシーを向上させる

湯浅 剛

1 地球温暖化とエネルギー問題

　日本は近年、台風による災害や、35℃を超える猛暑日が増えるなど気候変動の時代に入った。その原因と言われる地球温暖化の対策は世界共通の緊急課題だ。EU の環境先進国では、地球温暖化の原因である CO_2 排出を抑えるため、石炭・天然ガス・石油などの化石燃料から太陽光・風力・木質バイオマスなどの再生可能エネルギーへとシフトしなが

地球温暖化の影響（日本）

猛暑
猛暑日が大幅に増え熱中症患者が急増。

スーパー台風・ゲリラ豪雨
豪雨が増加し雨量も増える
暴風や洪水など甚大な被害が発生

感染症
マラリアやデング熱など、感染症の可能性が高まる

海面上昇による水没
人口や産業が集中する海岸地域に被害
1mの海面上昇で砂浜の90%が消失

図1　地球温暖化の影響：化石燃料から再生可能エネルギーへ（イラスト：湯浅景子）

ら、火力発電所や原子力発電所などの大規模集中型から小規模分散型の発電への移行を進めている（図1）。日本政府もようやく2050年カーボンニュートラル宣言をして再生可能エネルギー普及に力を入れ始めたが環境先進国からは大幅に立ち遅れている状況だ。

また市民にとって遠い存在だったエネルギー問題が、2018年の地震による北海道の大規模停電や、2019年の台風による千葉の大停電などを経て、身近な存在となりつつある。輸入に依存する化石燃料や原発に頼る日本のエネルギーシステムから、再生可能エネルギー中心の持続可能な社会へと移行させるためにも、エネルギーと関わりの深い建築や住宅、まちづくりをどのように考えるべきか、筆者の実践を通じて紹介してみたい。

2　エネルギーと住宅・まちづくり「えねこやの実践」

エネルギーの問題や地球温暖化対策、災害対策という観点から、筆者は「一般社団法人 えねこや」を仲間と立ち上げた。「えねこや」は「エネルギーの小屋」のことで、再生可能エネルギーだけで心地良く過ごせる小さな建築（＝小屋）を意味する。高気密・高断熱化によって熱ロスを抑えてエネルギー消費を減らし、太陽光発電などの再生可能エネルギーだけで自立することができる。カフェや保育スペース、老人が集う場所など、半公共的で多様なコミュニティ空間として地域にひらかれ、災害時には、エネルギー自給が可能なため、地域の小さな防災拠点としても機能する。これを地域に拡げる活動をとおして、そこに集う人たちのコミュニティを構築しながら、持続可能で豊かな省エネルギー型の暮らしへとシフトを促し、次世代の子どもたちに豊かな未来を手渡すことを目指している。

図2　コミュニティスペースえねこや　　　図3　点から面へと広がる災害に強いまちづくり

まちなかに「えねこや」が点在していけば、役所による公助でなく市民による自助、つまり災害に強いまちづくりを自分たちで実現できるのだ。エネルギーをキーワードにしたボトムアップ型のまちづくりでは、住まい手や市民一人ひとりが、自ら考え実践していく（図2、3）。今後は重要な選択肢の1つになるはずだ。

3　えねこや第1号・オフグリッドの「えねこや六曜舎」

　「えねこや六曜舎」は、築40年の古家をスケルトンリフォームした筆者の自宅兼事務所だ。増える一方の空き家を活用し、スクラップ＆ビルドから脱却するモデルとして考えた。耐震改修と断熱改修を施し、スギ材の柱や梁、外壁材、カラマツのフローリングや珪藻土など、自然素材や無垢の国産材を活用し、トリプルガラスの断熱サッシや木製サッシを採用して、高性能ながら質感豊かで環境負荷の少ない建築となった。

　また、太陽光発電パネル3.3kWとフォークリフト用の鉛蓄電池を用いて、電力自立した完全オフグリッド（電力網から外れる）であり、ガスも引いていないので太陽熱温水器のみで温水をつくり、冬は無電力の木質ペレットストーブで暖房することで、CO_2排出ゼロの建築を実現させた。1年に1〜2日やってくる雨続きの日には節電を意識するが、それ以外は我慢することもなく、夏は毎日エアコンを使い、コピー機や冷蔵庫、コンピューターなども普通に使いながら、気持ち良く仕事をしながら暮らしている。夜間や雨の日には蓄電池が必須だが、太陽光発電パネルの実力は相当なものだと実感している（図4、5）。

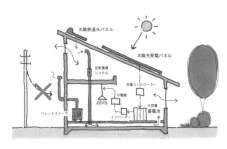

図4　えねこや六曜舎のオフグリッドシステム

図5　えねこや六曜舎の外観 （撮影：大槻茂）

建築中には珪藻土の左官体験や人力井戸掘りワークショップなどを企画し、多くの人に関わってもらいながらコミュニティづくりも意識した。完成後も地域の人たちに向けた見学会や、エネルギーや建築関連のセミナーを開催している。そこでは住まいや暮らし、まちづくりに関する多様な質問を受けることが多く、建築士や建築家が地域で必要とされていると強く感じる。一方、見学会やイベントに参加するのは環境やエネルギー、建築に興味のある人たちが中心で、関心のない人たちへのアプローチも必要だと実感した。

4 「移動式えねこや」をつくってまちに出る

　エネルギーに興味のない人たちにも広めるため、まちに出かけていける木製のトレーラーハウス「移動式えねこや」を企画し、クラウドファンディングで支援を呼びかけた。移動式えねこやは、環境負荷の軽減や日本の森林保全のため、構造材や仕上げ材に東京多摩産のスギ材を、開口部には青森県産スギのサッシ、断熱材には北海道産針葉樹の木質繊維系断熱材を、また仕上げには柿渋などの日本の伝統的な塗料を活用し、ほぼ土に戻る地球に優しい国産の材料で構成した。ここでも製作段階から多くの人に関わってもらい、新たなコミュニティ構築の手がかりにしようと考え、設計は筆者が担当するが、一部の工事を除いた小屋の制作はすべて素人という実験的な試みとした。クラウドファンディングでは、メディアが興味を持ってくれたことや、再生可能エネルギー、タイニーハウス、DIY などの多様なキーワードを含んでいたことや、楽しげで可愛いイラスト

図6　移動式えねこや・制作ワークショップ＠深大寺 （撮影：水野眞奈実）

のチラシを準備したこともあってか、多くの寄付が集まり、深大寺の境内で開催したワークショップには、のべ200人を超える参加者が集まった。

　全4回のワークショップの1回目は「建て方」。製作しておいた壁パネルを、床パネルの上に建て込む作業で、何もなかったところに小屋が現れるドラマティックな展開だ。2回目は断熱材の挿入と室内の壁天井と外壁に板を張る作業、3回目は柿渋の塗装と階段製作、太陽光発電パネル設置等を行なった。最後の4回目は、蓄電池設置後、60人を超える参加者が見守るなか、点灯式とお披露目会を開催し、楽しいひと時を過ごした。桜の時期だったため、たまたま来ていた多くの人たちの目に触れることができた（図6）。

　ワークショップは、多くの人に伝わる広報力、多くの人の目に触れる場所で行うことが重要だが、何より「楽しそう！　面白そう！」ということ、そしていくつかのキーワードを組み合わせた興味深い企画にすることが最も大切なポイントかもしれない。

5　エネルギーもまちづくりも「自分ごと」に！

　移動式えねこやは完成後、様々な場所に牽引して行って、再生可能エネルギーの実力、断熱気密性能の重要性、地産地消の自然素材の役割、そして災害に強いまちづくりなどについて話をする場として活用しており、多くの人が耳を傾けてくれている（図7、8）。木製トレーラーハウスは目立つので、つい中に入りたくなるし、ロフトもあるので、子どもたちは何度も登ったり降りたりと楽しそうだ。移動式えねこやの中では、子どもた

図7　小学校の授業（撮影：水野眞奈実）

図8　市のイベント（撮影：a-Nest・いとう啓子）

ち向けに「地球を救う作戦会議」というゲームを行うこともある。これは地球温暖化対策の手段について、発電やエネルギー、建築や住宅、そして暮らしと、3つのステージに関するクイズに答えて、正解すれば木を植えるというもの。楽しみながら学び、自分で考えるきっかけになってくれれば良いなと考えている。

　エネルギーが遠い存在だと感じる人は多い。まちづくりも同じではないか。エネルギーやまちづくりを、国や自治体、企業任せで、依存し続けていれば、世の中は何も変わらない。逆に市民一人ひとりが、エネルギーやまちづくりを「自分ごと」として考えられれば、確実に世の中は良い方向に変わっていくはずだ。まずは自分たちで楽しく、小さなことから実践してみることが大事。それを少しずつ広めていけば、実践者や共感者も増え、エネルギーもまちづくりも、より良い方向に変わっていくだろう。まずは知ること、次に実践すること、これを繰り返していくことによって必ず道はひらけるはずだ。

6　まとめ

　地球環境を守りながら、多くの市民が理想とするまちを自ら考え議論し、持続可能な社会をつくりあげていくことが、まちづくり本来のあるべき姿だと考える。一人でも多くの市民が参加し、意見をかわし、本質的に必要なものを考える場としてのワークショップを設けること、専門知識とコミュニケーション能力を活かして、真に求められるものが何かを整理し、まとめていくことが、建築士や建築家の役割でもある。そのためにはエネルギー問題に精通しておくことも必要だ。また、多くの市民が参加したくなるような、多種多様で楽しいまちづくりのワークショップを企画する力も、今後、建築士や建築家の重要な職能の1つになるかもしれない。

■連 健夫

『心と対話する建築・家／心理・デザインプロセス・コラージュ』　著者：連 健夫　発行：技報堂出版

利用者参加の設計プロセス、心理学と創造性のメカニズム、建築思潮、海外ワークショップを実例から関係づけた書。

『参加するまちづくり　ワークショップがわかる本』　著者：伊藤雅春・大久手計画工房　発行：OM 出版

「参加するまちづくり」の意味や手法を多くのワークショップ事例を元に浮き彫りにする。初学者にもわかりやすい好著。

■野澤 康

『人間の街　公共空間のデザイン』　著者：ヤン・ゲール／訳者：北原理雄　発行：鹿島出版会

街の主役は人であり、公共空間は人のアクティビティと結びつけてデザインすることを学ぶことができる。

『プレイスメイキング　アクティビティ・ファーストの都市デザイン』

著者：園田 聡　発行：学芸出版社

地域の人々が、地域資源を用いて活動することを通して、単なる「スペース」を「プレイス」に変える手法を学ぶことができる。

■三井所清典

『生業の生態系の保全　その建築思想と実践』　著者：三井所清典　発行：建築資料研究社

地域でまちづくり活動をする設計者や工務店・職人達がどう連携・協働するか、実践事例を紹介した本。

■饗庭 伸

『平成都市計画史　転換期の 30 年間が残したもの・受け継ぐもの』　著者：饗庭 伸　発行：花伝社

新自由主義が導入された平成期の都市計画の歴史を、土地利用、景観、住宅、防災と復興といった分野ごとにまとめた 1 冊。

『ワークショップ　住民主体のまちづくりへの方法論』　著者：木下勇　発行：学芸出版社

ワークショップの基礎理論から具体的手法まで、コンパクトに体系的にまとめた 1 冊。

■北村稔和

『「脱炭素化」はとまらない！―未来を描くビジネスのヒント―』

著者：江田健二・阪口幸雄・松本真由美　発行：成山堂書店

カーボンニュートラルを目指す世界・日本の動きや企業・官公庁の事例、取組みを紹介する良著。

『エネルギー・シフト　再生可能エネルギー主力電源化への道』　著者：橘川武郎　発行：白桃書房

再生可能エネルギーを取り巻く状況・課題について解説する、エネルギー問題に興味がある方にお勧めしたい 1 冊。

■松村哲志

『持続可能な地域のつくり方──未来を育む「人と経済の生態系」のデザイン』

著者：筧 裕介　発行：英治出版

持続可能な地域づくりについてその考え方から実践的な方法まで具体的に示した1冊。

『図解でわかる！ファシリテーション』　　　著者：松山真之助　発行：秀和システム

一般的なファシリテーションに関する技術をわかりやすく図解で解説した直感的に理解しやすい1冊。

■阿部俊彦

『まちづくりデザインゲーム』　　　　　　編著者：佐藤 滋　発行：学芸出版社

地域住民がまちの将来像を共有するために、誰でも体感的に理解できる模型を使ったワークショップなどのノウハウを紹介。

『まちづくり図解』　　　編著者：佐藤 滋・内田奈芳美・野田明宏・益尾孝祐　発行：鹿島出版会

市民や専門家のために、まちづくりを進める上で参考になる図版やイメージが、体系的に掲載されている書。

■高橋寿太郎

『建築と不動産のあいだ　そこにある価値を見つける不動産思考術』

著者：高橋寿太郎　発行：学芸出版社

建築と不動産のコラボレーションに挑戦する、より創造的な価値を生む建築不動産フローの考え方と実践を紹介。

『建築学科のための不動産学基礎』　　著者：高橋寿太郎・須永則明・廣瀬武士 他　発行：学芸出版社

不動産を学ぶことで、社会課題と設計が結びつく。不動産思考で捉え直すと、建築と社会・経済の関係が見えてくる。

■連 勇太朗

『モクチンメソッド　都市を変える木賃アパート改修戦略』

著者：モクチン企画・連 勇太朗・川瀬英嗣　発行：学芸出版社

モクチン企画の方法論を1冊にまとめた書籍。建物の改修とまちの再生のつながりを考えたい人は是非読んでみてほしい。

『まちをひらく技術　─建物・暮らし・なりわい─地域資源の一斉公開』

著者：オープンシティ研究会・岡村 祐・野原 卓・田中暁子　発行：学芸出版社

建築、庭、スタジオ、文化遺産など身近な地域資源をまずはひらくことで可能になるまちのつくり方が紹介されている。

■渡邉研司

『論文はデザインだ！』　　　　　　編著者：渡邉研司　発行：彰国社

建築系学生のための卒論作成ハンドブック。デザインと論文のプロセスの共通性を指摘しながら、学術的な論文の書き方が学べる。

『建築の保存デザイン　豊かに使い続けるための理念と実践』　　著者：田原幸夫　発行：学芸出版社

東京駅の保存改修に関わった著者が、建築家としての保存への姿勢を、多くの事例を通して紹介した好著。

■向田良文

『住宅性能表示制度　建設住宅性能評価解説（既存住宅・現況調査）2020』

監修：国土交通省住宅局住宅生産課、国土交通省国土技術政策総合研究所、国立研究開発法人建築研究所

編集：一般財団法人日本建築センター　発行：全国官報販売協同組合

既存住宅性能評価の業務解説本。現況調査、一次的インスペクションの参考書としてとても分かりやすい。

『隠れた秩序　二十一世紀の都市に向って』　　　　　　　　　　　　　著者：芦原義信　発行：中央公論社

1986 年初版の建築家の都市論。日本固有の隠れた秩序の存在を論じる。令和のまちづくりにも示唆に富んだ好著。

■市古太郎

『安全と再生の都市づくり　阪神大震災を超えて』

編著者：日本都市計画学会 防災・復興問題研究特別委員会　発行：学芸出版社

災害に強いまちづくりを支える都市計画の思想や実践技法を提案。阪神・淡路大震災復興まちづくりについても丁寧に報告。

『路地からのまちづくり』　　　　　　　　　　　　　　　　　　　　　編著者：西村幸夫　発行：学芸出版社

まちの魅力資源としての「路地」の価値と計画を論考。地方都市や歴史的まち並み地区にも言及。現場感に溢れ読みやすい。

おわりに

　「建築系のためのまちづくり入門」、いかがだっただろうか？　建築士・建築家・建築系学生に、まちづくりがいかに身近なものであり、面白いものであるかを感じていただけたのであれば執筆者にとって本望であり、嬉しいことである。

　執筆にあたって何度もディスカッションをした。空き家空き地が増え、新築需要が減り、建築士・建築家のフィールドが変化していること、高度成長社会から低成長社会に移行し、都市は拡大するのではなくスポンジ化のなかでのまちづくりとなること、成熟社会に進むなか、施主・住民の意識が変化していること、SDGs を含めサステナブルなまちづくりのために必要なこと、など様々なポイントが浮き彫りになり、今、建築系にとって必要なことを多くの人と共有できる形でまとめることが、結果としてまちづくりに、その能力を活かすことができ、良質なものを創ることができるのではないか……その想いを具体化したものが「建築系まちづくりファシリテーター養成講座」であり、本書である。これらにより従来の知識とスキルに頼ることに危機感を持つ現役建築士・建築家にブレイクスルーの視点を与えたのではないか、と思う。専門知は時には啓蒙的態度になりがちだ。それを対話的態度にシフトすれば、まちづくりの世界が見えてくる。

　読み終わった後の、まちづくりに関わってみよう、色々できそうだ、というポジティブでフラットな感覚は、建築系ファシリテーターにとって大切である。人と人をつなぐファシリテーターの特性、ものづくりに対する建築系の特性、それらを併せ持つことが、同じまちづくりに関わる人と夢を共有し、そのポジティブな想いがまちづくりの推進力になる。建築の専門性を軸に他の専門性とつながるＴ字型人材は今後、ますます求められるであろう。先日、ある先生が「建築士の試験が難しくなった。新たな知識が求められている。それはこの講座で扱っている内容だ」とおっしゃっていた。我々執筆者としては「してやったり！」。時代は動いているのである。

連健夫

編者・著者紹介

■編者

JCAABE 日本建築まちづくり適正支援機構

■著者　＊認定まちづくり適正建築士　＊＊登録まちづくりファシリテーター

連 健夫 （むらじ・たけお）＊　　　　　　　　　　　　　　　　　　　　[序章、1-3、2-3]

登録建築家、JCAABE 代表理事、連健夫建築研究室代表、早稲田大学、芝浦工業大学非常勤講師
1956 年京都府生まれ。多摩美術大学卒業、東京都立大学大学院修了。建設会社 10 年勤務、1991 年渡英、AA スクール
留学。AA 大学院優等学位取得の後、同校助手、東ロンドン大学非常勤講師、在英日本大使館嘱託を経て 1996 年帰国、
連健夫建築研究室を設立。設計活動の傍ら、港区登録まちづくりコンサルタントとしてまちづくりに関わる。著書に
『イギリス色の街』『心と対話する建築・家』、共著に『対話による建築まち育て』など、作品に「ルーテル学院大学新
校舎」（JIA 優秀建築選）、「はくおう幼稚園おもちゃライブラリー」（栃木県建築景観賞）、「荻窪家族レジデンス」（グ
ッドデザイン賞）など。

野澤 康 （のざわ・やすし）＊　　　　　　　　　　　　　　　　　　　　　　　[1-1]

工学院大学建築学部まちづくり学科教授、博士（工学）、技術士（建設部門）、シニア教育士
1964 年北海道生まれ。東京大学工学部都市工学科卒業、同大学院修士課程・博士課程修了。1995 年より工学院大学に
勤務、2011 年より現職。大学で教育・研究に従事する傍ら、地方自治体で審議会委員等を歴任。相模原市建築審査会
会長、府中市土地利用景観調整審査会会長、八王子市まちづくり審議会会長等。共著に『初めて学ぶ都市計画　第二
版』『まちの見方・調べ方－地域づくりのための調査法入門』『まちづくりデザインのプロセス』など。2005 年より日
本建築学会「学生と地域との連携によるシャレットワークショップ」を企画・運営している。

三井所清典 （みいしょ・きよのり）＊　　　　　　　　　　　　　　　　　　　　[1-2]

芝浦工業大学名誉教授、公益社団法人日本建築士会連合会名誉会長、㈱アルセッド建築研究所設立主宰、設計専攻建
築士、まちづくり専攻建築士、教育・研究専攻建築士、登録建築家
1939 年佐賀県生まれ。東京大学工学部建築学科卒業、同大学院修士課程・博士課程修了。住宅、集合住宅、学校、美
術館、医療施設等の他、近年は庁舎建築等中大規模の木造建築の設計とその普及推進に努めている。まちづくりに関
しては、HOPE 計画、町並み環境整備、伝統的建築物群の保全整備等地域に根づいた建築・まちづくり活動を続けてい
る。

饗庭 伸 （あいば・しん）　　　　　　　　　　　　　　　　　　　　　　　　　[1-4]

東京都立大学都市環境学部教授
1971 年兵庫県生まれ。早稲田大学理工学部建築学科卒業。博士（工学）。専門は都市計画・まちづくり。人口減少時
代における都市計画やまちづくりの合意形成のあり方について研究すると同時に、まちづくりの合意形成のための技
術開発も行っている。主な現場に山形県鶴岡市、東京都国立市谷保、岩手県大船渡市三陸町綾里、東京都日野市程久
保などがある。著書に、人口減少時代の都市計画の理論をまとめた『都市をたたむ』、平成期の都市計画の歴史をまと
めた『平成都市計画史』など。

松本 昭 （まつもと・あきら）＊　　　　　　　　　　　　　　　　　　　　　　[1-5]

㈱市民未来まちづくりテラス代表取締役、（一財）ハウジングアンドコミュニティ財団専務理事、（一社）チームまちづく
り専務理事
東京大学・法政大学非常勤講師、博士（工学）、技術士（都市及び地方計画）、一級建築士、マンション管理士など。
主な著書に『まちづくり条例の設計思想』、共著に『地方分権時代のまちづくり条例』『自治体都市計画の最前線』『人
口減少時代の都市計画』など。

北村稔和 （きたむら・としかず）＊＊　　　　　　　　　　　　　　　　　　　　[1-6]

㈱家フリマ代表取締役、NPO 日本住宅性能検査協会理事
1981 年高知県生まれ。京都大学法学部卒業、㈱キーエンスに 5 年半勤務後、2011 年に㈱バローズを設立、太陽光発電
事業を統括。太陽電池パネルメーカー営業責任者を経て現職。太陽光発電の適正普及活動の傍ら、エネルギーとまち
づくりの融合や再生可能エネルギーによる災害対策、企業活動の CO_2 削減提案、自治体セミナー講師等、活動は多岐
に渡る。近年ではゼロエネルギービルディング（ZEB）の設計や再生可能エネルギーを電気自動車や蓄電池と組み合
わせたマイクログリッドの構築等、エネルギーの高度利用化に取り組んでいる。

山田俊之 (やまだ・としゆき)* [ローカルレポート]

日本工学院専門学校テクノロジーカレッジ建築学科学科長、技能五輪国際大会職種別分科会長(デジタル・コンストラクション)

1974年東京都生まれ。東京理科大学理工学部建築学科卒業、同大学院修士課程修了。2000年から同大学助手、2004年から有限会社アーキテクチャー・ラボ副所長の後、2012年に日本工学院専門学校に入職、日本工学院八王子専門学校主任を経て現職。

今泉清太 (いまいずみ・きよた)* [ローカルレポート]

麻生建築&デザイン専門学校校長代行、一級建築士、全国専門学校建築連絡協議会会員（幹事）

1964年佐賀県生まれ。1987年近畿大学九州工学部建築科(現産業理工学部)卒業、1988年にハウスメーカーに入社、主に住宅の分譲販売企画に従事。1998年から私立筑紫台高等学校建築科教諭、読売理工専門学校常勤講師（建築士専攻科担当）、私立真颯館高校非常勤講師を経て、2004年より学校法人麻生塾麻生建築&デザイン専門学校常勤講師として勤務、建築士専攻科大学併修コース立上げに関わる。住宅金融公庫（現住宅金融支援機構）主催「マルチメディア時代の住まい・デザインコンテスト '97」で飯野健司賞受賞。趣味は空手道。

仁多見 透 (にたみ・とおる)* [ローカルレポート]

新潟工科専門学校学校長、一級建築士、一級建築施工管理技士、JCAABE正会員、新潟県建築士会会員、全国専門学校建築教育連絡協議会常任幹事、全国専門学校土木教育研究会東日本幹事、全国専門学校電気電子教育研究会監事

1959年新潟県生まれ。事業創造大学院大学修了（経営管理修士）。建設会社16年勤務（建築施工管理業務に従事）を経て、1997年から新潟工科専門学校勤務、2009年同校副校長、2015年から現職。

松村哲志 (まつむら・さとし)* [2-1]

日本工学院専門学校テクノロジーカレッジ建築学科教師、JIA登録建築家

1970年東京都生まれ。日本大学大学院修了（コーポラティブハウジングに関する研究）。名古屋大学教育発達科学研究科単位取得退学（体験学習に関する研究）。現在、専門学校で教育を実践しながら、「建築・まちづくり・参加のデザイン」と「教育」の両方の視点を融合した研究活動を行なっている。JIA建築家のあかりコンペ最優秀賞、東京建築士会設計競技佳作など受賞。

阿部俊彦 (あべ・としひこ)* [2-2]

立命館大学理工学部建築都市デザイン学科准教授、アーバンデザインセンターびわこくさつ（UDCBK）副センター長

1977年東京都生まれ。早稲田大学理工学部建築学科卒業、同大学院修了、博士（工学）。建築設計事務所、まちづくりコンサルタント事務所勤務を経て、LLC住まい・まちづくりデザインワークスを共同設立。早稲田大学都市・地域研究所客員研究員、非常勤講師を経て、現職。宮城県気仙沼市内湾地区の復興まちづくり、東京都内の事前復興まちづくり、地方都市のまちづくり等に関わる。日本都市計画学会計画設計賞・論文奨励賞、日本建築学会作品選集入選、都市住宅学会長賞、これからの建築賞など受賞。

高橋寿太郎 (たかはし・じゅたろう)* [3-1]

創造系不動産株式会社代表取締役、不動産コンサルタント、一級建築士、宅地建物取引士、経営学修士（MBA）

1975年大阪府生まれ。2000年京都工芸繊維大学大学院 岸和郎研究室修了後、古市徹雄都市建築研究所勤務を経て、東京の不動産会社で様々な業務に幅広く携わる。2011年創造系不動産を設立。「建築と不動産のあいだを追究する」を経営理念、ブランドコンセプトとする。扱う案件はすべて、建築家やデザイナーと共働し、建築設計業務と不動産業務のあいだから、数々の顧客の利益を創る。著書に『建築と不動産のあいだ』『建築と経営のあいだ』など。

田中裕治 (たなか・ゆうじ) [3-2]

株式会社リライト代表取締役

1978年神奈川県生まれ。大学卒業後に大手不動産会社で10年勤務を経て、株式会社リライト起業。全国の売れない空地・空き家の処分に携わる。TBSテレビ「ガイアの夜明け」など多数のメディアに紹介される。著書に『本当はいらない不動産をうま〜く処理する！とっておきの11の方法』『売りたいのに売れない！困った不動産を高く売る裏ワザ』『不動産 相続対策（貰って嬉しい富動産、貰って損する負動産）』など。

連 勇太朗 (むらじ・ゆうたろう)* [4-1]

建築家、明治大学専任講師、特定非営利活動法人モクチン企画代表理事、株式会社＠カマタ共同代表

1987年神奈川県生まれ。幼少期をロンドンで過ごす。2012年慶應義塾大学大学院政策・メディア研究科修了、2012年にNPO法人モクチン企画設立、2018年に株式会社＠カマタ設立、2021年より明治大学理工学部建築学科の専任講師、建築計画研究室を主宰。モクチン企画は、縮小型社会に求められる都市デザイン手法の提案と実装を目的としたソーシャルスタートアップである。＠カマタでは京急線高架下の開発「梅森プラットフォーム」のディレクションをはじめ、インキュベーションスペースKOCAの運営を行っている。

渡邉研司 (わたなべ・けんじ)* [4-2]

東海大学建築学科教授、一般社団法人 DOCOMOMO Japan 代表理事

1961 年福岡県生まれ。日本大学理工学部卒業、同大学院修了、1987 年から 93 年まで芦原建築設計研究所勤務。一級建築士資格取得後、1993 年から 98 年までイギリス AA スクール大学院歴史・理論コース留学。AA Graduate Diploma、1997 年から文化庁芸術家派遣在外研修員 (2 年間)、2000 年東京大学より博士 (工学)、1999 年から 2004 年まで連健夫建築研究室勤務、2005 年から東海大学建築学科助教授として就任。2011 年から同大学教授、2019 年より一般社団法人 DOCOMOMO Japan 代表理事。著書に『論文はデザインだ』『図説ロンドン都市と建築の歴史』、共著に『DOCOMOMO 選モダニズム建築 100 ＋α』、訳本に『世界の廃墟・遺跡 60』『オーヴ・アラップ 20 世紀のマスタービルダー』など。

大倉 宏 (おおくら・ひろし) [コラム]

美術評論家

1957 年新潟県生まれ。1981 年東京藝術大学美術学部芸術学科卒業。1985 〜 90 年、新潟市美術館学芸員。2000 年新潟の 8 人の有志と非営利の企画画廊「新潟絵屋」を設立 (2005 年 NPO 法人、2015 年認定 NPO 法人に認証)、企画運営委員代表となる (現在は理事長)。1990 年代から新潟市の歴史的建造物の保存運動に関わり、2004 年「歴史まちづくり」を志向する市民団体「新潟まち遺産の会」の設立に参加 (現在代表)。また 2005 年より昭和初期のお屋敷を活用した新潟市の芸術文化施設「砂丘館 (旧日本銀行新潟支店長役宅)」の運営に携わり、現在は同館館長。著書に『東京ノイズ』、共著に『越佐の埋み火』、編集・構成に『洲之内徹の風景』。

向田良文 (むこだ・よしぶみ)* [4-3]

建築家、デザインタック株式会社代表取締役、一級建築士、統括設計専攻建築士

1964 年石川県生まれ。武蔵野美術大学大学院修了、芦原建築設計研究所に 20 年勤務、「駒沢オリンピック公園総合運動場体育館・管制塔」改修工事、「横浜市立脳血管医療センター」新築工事、「石川県立音楽堂」新築工事、「横浜市立市民病院」(移転前) 建物調査、医療機能向上建物改修工事、緩和ケア病棟増築工事などの設計監理を担当。2010 年デザインタック株式会社設立、設計監理業務と並行して既存建物調査を積極的に行う。建築基準法第 12 条定期調査報告などの他、2015 年から株式会社さくら事務所ホームインスペクターとして中古戸建て住宅のインスペクション業務の経験も積んでいる。

市古太郎 (いちこ・たろう) [4-4]

東京都立大学都市政策科学科教授、東京都災害ボランティアセンター・アドバイザー

1972 年神奈川県生まれ。横浜市役所勤務の後、東京都立大学助手、准教授を経て現職。東京都地域危険度測定調査委員会委員、東京都防災都市づくり推進計画検討委員会委員を継続して務めるほか、日本都市計画学会理事、地域安全学会理事を務める。日本都市計画学会論文賞 (2021 年)、論文奨励賞 (2010 年) を受賞。

湯浅 剛 (ゆあさ・つよし)* [4-5]

登録建築家、一般社団法人えねこや代表理事、株式会社アトリエ六曜舎代表取締役

1965 年大阪府生まれ。京都工芸繊維大学工芸学部建築学科卒業後、一色建築設計事務所勤務を経て、英国グリニッジ大学ランドスケープ学科を卒業。1995 年、妻・景子とアトリエ六曜舎を設立し、木造住宅や木造建築の設計を手がける。原発事故や地球温暖化への危機感を抱き、2016 年、仲間とともに (一社) えねこやを設立し、築 40 年の古家を耐震・断熱改修して、太陽光発電によるオフグリッドの小さな事務所も開設。2019 年には多くの協力者とともにワークショップで移動式えねこやを製作して、小中学校での出張授業など、再エネや省エネの普及活動をすすめている。

連ヨウスケ (むらじ・ようすけ) [装画、見出しイラスト、巻末漫画]

漫画家

1989 年神奈川県生まれ。東京藝術大学建築科卒業、同大学院修了。大学、大学院と建築設計を学ぶなか、計画や意図の外側に生まれる「物語」に興味を持つ。以来漫画を媒体として制作を行う。建築ジャーナルで建築家・山川陸と共に「見えない都市」を隔月連載。作品に「お見送り」(週刊漫画誌モーニング月例賞)、「ジャンピングガール」(新人増刊 2016 夏号掲載)、「BFF ベタフラッシュフォワード」(2019 年建築ジャーナル連載)、藝大卒業制作「多摩考」(吉村順三賞)、トム研 MI チーム Young Architect Competitions：“Funagaku”(finalist Smart Harbor)。

第一話「変化の始まり」

危ないわよ

もう歳なんだから！

この道、車スピード出すんだから

ちょっと

お父さんっ！

ガチャッ

ガラリ

ピクッ

歴史を感じる以上に

さびれている気がして

条件など悪くは…

なんですが、立地がねぇ

検討させてください

すみませんがもう少し、

せめてもう少し活気があればね…

カチャ

いいところなんだけどな

…はあ

事故!?

!?

大変!
救急車!

カタカタカタ

大変だったねぇ

はい、オレンジジュース

いやーっ
みっちゃん

あおえぞい居酒屋

タクシー避けて
転けて骨折
だなんて！

ちょっと
石田さん！

アッハハ

しかし、
ドジだよな

ムッす〜

若くないか

悪い
悪い

そうだな

変わるんだよな

大事にならずに
何よりです私たち
若くないですし

三津谷さん

体と一緒で
道も変わるんだよな

お、
語り始めた

ご覧の通り、
仕事なんねーからよ

ちょっと
石田さん

ぼーっと店から
道を眺めてたらさ
気付いちまった

そういえば

いや、専門家じゃないかしら

まず役所か何かに…

しかし何から始めれば…

おっすソックス

この前お客さんに都市計画とかなんとか言ってたような

もしもし

まちづくり建築事務所

あ、不動産屋さんの…

ソックス先生、今日はどのような冒険を…

…というわけで

本日こちらに伺いました

建築の専門家のお話を伺いたいのです！

「通り」を良くするには何から始めれば良いのか

ゴソゴソ

あった

あ、お待ちください

改めて皆様に自己紹介させてください

まちづくり建築家
都原 マ

まちづくりファシリテーターの

「都原マチ子」と申します

なんだ？

都市計画ではなく、建築設計でもなく？

ファシリテーター？

まちづくり？

が？

街に関わる専門家という意味では「都市計画」と「まちづくり」は似ています…

が、

「まちづくり」とは計画を与えられるのではなく、

皆様のように「街」を想う方と一緒に街を作っていく意味合いがあります。

「街」や「道」など公共のものは行政が主体になるイメージがありますが、

はい！

私たちが街をつくる？

住民や事業者、私たちが主体的に街をつくることができます

例えば「横浜の元町仲通」があります

街を考える市民が集まり「協議会」を作り

看板の統一（外照式）

ガラスの切り文字

ストリートファーニチャー

クランク状の道

街の景観のルールを作った例です

ボラード

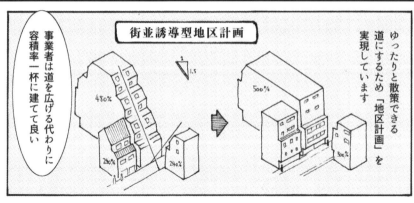

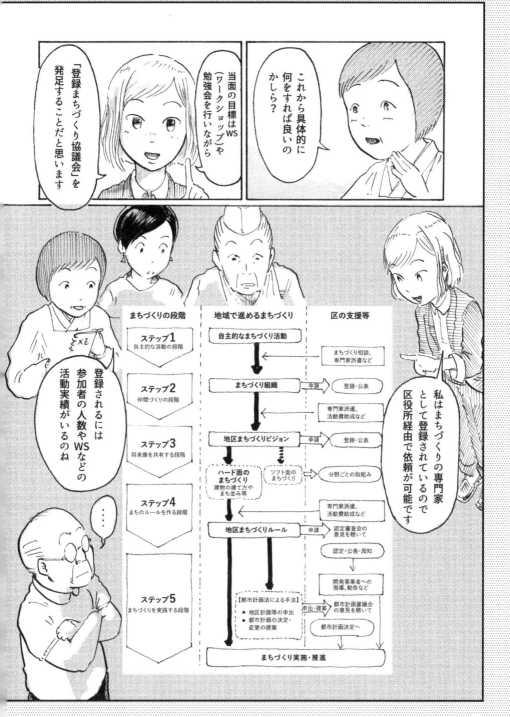

あ、すみません。今日はありがとうございました

あ、いえ…

石田さん

また追って連絡いたします　失礼します！

あ、はい…

…む

…大丈夫か

にゃー

こんばんは！

数日後

ワークショップの呼びかけに町会の誰もこないと…

ああ、それでですか

俺とみっちゃんで回覧板まわすついでに

声がけしたんだがよ…

佐藤の婆さん、今度みんなでまちづくりしようと思ってるんだけど

いいよ、私はこのままで

面倒だし

だと…

他の人も忙しいとか色々理由をつけて来ねぇ…

みんな「街」を良くしたくないのかな…

難しいかもな…

・・・・・・

身の危険を感じて考えるように…

俺もこの怪我をするまではこの道が危なくなってたなんて意識してなかった

三津谷さん

その話とても大事だと思います！

三津谷さんの経験のように普段、身の回りの環境を意識すること

まちづくりを考えるのは安心・安全のような切迫したきっかけから考えるのが大事かもしれません

提案？

まちづくりを始める上で
ご提案があります

事前復興
まちづくりワークショップ
をやりましょう

事前復興！？

第三話「まちづくりワークショップ」

お父さん、ワークショップの時間じゃない？

しまった！
行ってくらあ！

ちょっと
走らないでよ！

また
怪我するよ！

おお！

すまねぇ！
遅れちまった！

三津谷さん！
大丈夫ですよ
それより…

集まったな！

佐藤の婆ちゃん!?

ホッホ

三津谷さん！

事前復興みんな興味あるんですね

それもありますが

不動産屋さんの杏さんがつくったんですよ

このチラシわかりやすい

ほほ、これ見て来たよ

ホッホッ〜ホ

ほら、これ

回覧板？

ホ〜ホ

「まちづくり」は色々な方と情報を共有することが大事です

杏さんの不動産情報が見やすかったので、デザイナーが付いてるかと思ったのですが

ご本人がやられているそうで、本日の準備をお願いしました

時間になります

皆さま

本日の事前復興まちづくりワークショップにお集まりいただきありがとうございます

まちづくりファシリテーターの都原と申します

まずは

ご一緒に

歩きましょう

3mmスチノールを貼り合せたもの

まちあるきアイテム
ポインター（自作）

8mm角材

また普段の生活で道を横断しにくい状況を作っているといえます

ガードレールは安全である反面、運転手の心理としてはスピードを出しやすくしてると言えます

街の持っている魅力も再発見します

風情ある店構えだね

ベランダなど木製が良いですね

その後も参加者は街の問題点とともに

管理されていない空き家は二次災害の元になったり寂れた印象をつくります

ガリバーマップです！

それではそろそろ会場に戻って今日の発見を形にしましょう

形？

ガリバーマップを通して街の「たから」（良い点）と「あら」（悪い点）を確認し整理します

いや…聞いてると狭い道や古い木造の家は防災的に問題なんだろうけど

佐藤さん

なにかお気付きになりましたか？

「たから」としてポストイットに書いてみんなで話し合って見ましょう

そうかい？

とても大事な視点だと思います

様々な視点が反映されることも大事になります

愛着があって好きなんだよねぇ

その後、街の問題点に対して改善するアイディアを出すマップも作りワークショップの最後に発表・共有します

オープンスペースの作り方や木造密集地域の安全対策の先行事例があります

何より、今すぐ街の改善は難しいですが、このように街のことを考えるコミュニティを持っていることが

有事の際の安心・安全につながります

今度からも参加しようかの

佐藤の婆ちゃん、是非

パチ
パチ
パチ
パチ
パチ

ありがとうございました

後日、ガリバーマップ、アイディアマップを元に先行事例の勉強会、見学会

先行事例見学街

クランク状で、車の速度を制限します

実際のアクションを通じて「まちづくり」のリアリティを高めていきます

落書き消しワークショップ

地元の建設会社も街の一員です、協力させてください

ペンキありがとうございます

それぞれの勉強会やWS（ワークショップ）の成果をパンフレットやSNSなどを活用し他の市民とも情報共有できるようにします

この壁　私も塗ったのよ　ほら回覧板見て

まあ

佐藤さんも？

WSなどの活動実績と参加住民の人数により

この前のWSをアップしました

写真綺麗ですね！

「行政」に登録されたまちづくり組織になります

まちづくりビジョンWS

また今までのWSや勉強会を元に○○らしさを表現する「まちづくりビジョン」をつくります

地区まちづくりルール認定を祝して…！

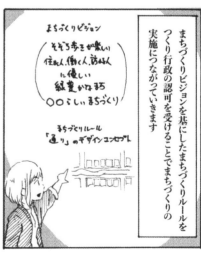

まちづくりビジョンを基にしたまちづくりルールをつくり行政の認可を受けることでまちづくりの実施につながっていきます

でもねぇ、協議会が軌道に乗ってきたからこういう集まりやすい場所がなくなるのもね

お昼なら良いんだけど

そ、それならカフェとかどうですか？

ほら！先行事例の勉強会であったようなまちカフェをやりましょうよ

こういうお店は街の「たから」ですよ！

……

……まちカフェ

いいかも

それなら都原さん

……

…川澄さん、やらせてください

わぁ！

改修の設計をお願いできないかしら、このまちを良くするために

5年後

改めて乾杯しましょう！

乾杯！

お！なんだ！どうしたどうした？

海書保 消しWS
2020.07

猫ちゃん！

コチョ
コチョ

…

いや、まいっか
道広くなったし

協議会、
行ってくらぁ！

お父さん、
走らないでよ！

次のち、
どぅぞ…

あ

今日、協議会だろ？

佐藤さん

川澄さん　精が出ますね

※特措法

本当、隣の空き家が公園になって嬉しいわ※

お天気いいですし今日はテラスでやりましょう

この公園用に「秋祭」のときの縁台があるといいですね

いいわね　今日、みんなで話しましょう

川澄さん！佐藤さん！

ふう

遅くなりました

杏ちゃん

内見のお客さんが多くてギリギリになっちゃいました

あらよかったじゃない！

テラスの奥にいるわよ

都原さんは？

内見のお客さんに今日の協議会に参加したい方が…

建築系のためのまちづくり入門
ファシリテーション・不動産の知識とノウハウ

2021 年 9 月 25 日　第 1 版第 1 刷発行

編　者　JCAABE 日本建築まちづくり適正支援機構
著　者　連健夫、野澤康、三井所清典、饗庭伸、松本昭、
　　　　北村稔和、山田俊之、今泉清太、仁多見透、
　　　　松村哲志、阿部俊彦、高橋寿太郎、田中裕治、
　　　　連勇太朗、渡邉研司、大倉宏、向田良文、
　　　　市古太郎、湯浅剛、連ヨウスケ

発行者　前田裕資
発行所　株式会社 学芸出版社
　　　　京都市下京区木津屋橋通西洞院東入
　　　　電話 075 - 343 - 0811　〒 600 - 8216
　　　　http://www.gakugei-pub.jp/
　　　　info@gakugei-pub.jp
編集担当　古野咲月

装　丁　美馬智
印　刷　イチダ写真製版
製　本　山崎紙工